纺织检测知识丛书

织物检测与性能设计

张 萍 著

中国纺织出版社

内 容 提 要

《织物检测与性能设计》共分四章，分别介绍了织物的选用及鉴别，纱线的分类、生产、性能及品质评定，织物的拉伸性能、耐磨性能、刚柔性与悬垂性、抗皱性与免熨性、起毛起球性、舒适性等性能的检测以及织物的品质评定，还介绍了 Tencel 织物、机织过滤布、棉/麻混纺色织布、配色模纹织物等织物的工艺设计与生产。

本书实用性强，可供纺织企业的产品设计人员、技术人员、质检人员、营销人员和管理人员阅读，也可供纺织院校相关专业的师生参考。

图书在版编目（CIP）数据

织物检测与性能设计／张萍著．—北京：
中国纺织出版社，2018.10
（纺织检测知识丛书）
ISBN 978-7-5180-5407-7

Ⅰ．①织…　Ⅱ．①张…　Ⅲ．①纺织品-检测
Ⅳ．①TS107

中国版本图书馆 CIP 数据核字（2018）第 211634 号

策划编辑：孔会云　　责任编辑：沈　靖　　责任校对：王花妮
责任印制：何　建

中国纺织出版社出版发行
地址：北京市朝阳区百子湾东里 A407 号楼　邮政编码：100124
销售电话：010—67004422　传真：010—87155801
http://www.c-textilep.com
E-mail:faxing@c-textilep.com
中国纺织出版社天猫旗舰店
官方微博 http://weibo.com/2119887771
天津千鹤文化传播有限公司印刷　各地新华书店经销
2018 年 10 月第 1 版第 1 次印刷
开本：710×1000　1/16　印张：11.5
字数：172 千字　定价：68.00 元

前　言

我国是人口大国，因此必然是纺织产品用量大国，同时由于劳动力密集，国家地大物博，资源丰富，形成了原料、生产一条龙，成为世界范围内的纺织大国。进入新世纪，纺织生产企业不仅要面对消费观念日益成熟的国人，还要面对全世界，因此企业面临着更加严峻的挑战。21世纪是人才的竞争，纺织行业要想有新的发展，必须在产品设计和开发方面加大人才培养的力度，纺织高等院校担负着培养专业人才的重任，鉴于此，为了适应行业需求，作者将关于纺织纤维和纱线性能与品质、织物性能与检测以及织物工艺设计与生产方面的内容系统地进行梳理，结合作者十多年的生产经验和教学经验，编写了此书。此书可作为纺织工程专业人士以及学生的学习参考用书。

该书内容分为四章，第一章为织物的选用及鉴别，第二章为纱线的性能与品质，第三章为织物的性能与检测，第四章为织物工艺设计与生产。

由于作者水平有限，书中疏漏之处在所难免，恳请读者批评指正。

张萍

2018 年 3 月

目　录

第一章　织物的选用及鉴别

第一节　织物的选用原则及方法

服装是包括覆盖人体躯干和四肢的衣服、鞋帽和手套等的总称。对服装设计师和服装制造商而言，设计和制造的服装必须能够产生利润。要产生利润，服装必须能够销售出去。服装设计师和服装制造商要设计和生产出适销对路的服装，重要的一环就是对织物的合理选用，既要考虑织物的表面色泽、纹理和图案效果，又要考虑织物的造型能力、成衣加工性能、服用性和舒适性等。选用织物，应根据着衣者的个性、职业、体型以及着衣目的、着衣环境和时尚潮流等来确定，既要明确具体服装的性能和美学要求，又要了解各种织物的性能特点。对服装业内人士来说，不论是先有了服装设计方案，再去选织物，还是先有了织物，再去设计服装，都应遵循下列原则。

一、5W1H 原则

5W1H 原则是指在选择织物时，应该充分考虑该织物制成的服装给什么人穿（Who），着衣者为什么要穿这样的服装（Why），在什么时候穿（When），在什么地方穿（Where）以及所制成的服装成本和价格将会怎样（How many），最后确定选择什么样的织物（What）。下面以 5W1H 中的 W 为例进行分析。

着衣目的不同，选择的织物也不相同。

（1）以卫生保健为目的选择织物，见表 1-1-1。

表 1-1-1　以卫生保健为目的选择织物

服装	织物选用原则
风衣	保证良好的外观造型，不宜脏污，易于穿着，宜选用挺括抗皱、防燃整理的涤/棉或全棉卡其、斜纹及简单变化组织织物

续表

服装	织物选用原则
雨衣	以防水、保形、易于穿用为原则，宜选用挺括抗皱、防水整理的涤/棉卡其或锦纶涂层塔夫绸、斜纹绸等织物
内衣	舒适柔软，坚牢易洗，宜选用全棉细布类、黏胶及其混纺等织物
防护服	可根据各种防护条件需要为原则，宜选用防燃、防污整理，或耐辐射、耐高温等新材料组成的织物

（2）以生活活动为目的选择织物，见表1-1-2。

表1-1-2　以生活活动为目的选择织物

服装	织物选用原则
工作服	适应劳动条件，坚牢耐用，易洗快干，宜选用纯涤、涤/毛、涤/棉等混纺斜纹、平纹或其他简单变化组织的织物
家居服	以舒适、方便、经济为原则，宜选用全棉、涤/棉、涤/黏、毛/黏混纺衣料或人纤布、真丝绸、麻及麻混纺布等适时令的织物
睡衣	宜选用华丽高贵的真丝缎类、绉肋，舒适耐用的棉织物、绢绸、绒布、毛巾织物等
运动衣	以满足人体多功能需求、舒适坚牢为原则，宜选用防水透湿、吸汗快干的腈、棉/黏、棉等织物

（3）以道德礼仪为目的选择织物，见表1-1-3。

表1-1-3　以道德礼仪为目的选择织物

服装	织物选用原则
社交服	根据各国各民族的习惯、官员、使节的地位，可选用高档精纺或粗纺呢绒、丝绒、软缎、锦缎、涤/棉高支细纺府绸等织物
礼仪服 婚礼服 晚礼服	男用以潇洒庄重为原则，选用黑白两色为格调的礼服呢、华达呢、涤/棉高支细纺府绸等织物 女用以华贵高雅为原则，选用紫红、白色、粉、蓝等色为格调的丝绒、软缎、锦缎、乔其纱等织物

（4）以职业类别标识为目的选择织物，见表1-1-4。

表1-1-4　以职业类别标识为目的选择织物

服装	织物选用原则
职业装	以职业标识明显为原则，可选用涤/毛、涤/棉人造丝、合纤丝绸类织物，按职业类别确定色调，如军服以草绿、银灰或白色为主，医护服为白色或淡蓝色为主
团体服 制服	要以保证统一标志和经济实用为原则，选用棉、人造棉、涤/棉、锦纶绸等色泽艳丽、价格低廉的中档织物

二、根据服装的流行趋势选择织物

服装是流行性很强的商品，在选择服装面料时要符合时尚潮流。

1. 流行信息的超前性

作为一个服装工作者，要经常做好信息的收集和市场调研工作，但只看消费者喜欢穿什么是远远不够的，因为当很多人都穿某种服装面料时，就意味着它即将过时了，因此要去收集超前的信息。

国际上较有影响力的服装流行趋势发布会，一般都在服装上市前的6~8个月举行，如服装色彩流行趋势的发布超前15~18个月，服装面料流行趋势的发布超前12~15个月，服装款式造型的流行趋势发布超前6~12个月。这些信息的发布都附有色彩、图片、主体和说明，以供分析参考。服装工作者应该及时捕捉这些信息，为服装生产做准备。

2. 信息发布的权威组织和机构

发布流行趋势的机构很多，但应关注权威组织和机构发布的流行信息。例如，关于服装色彩的流行趋势，应关注国际流行色协会所发布的信息；关于服装面料的流行趋势，应关注法兰克福面料博览会所发布的信息，同时，香港举办的亚洲服装面料博览会和国际羊毛局等发布的信息也很有参考价值。

3. 流行信息的分析应用

虽然服装的潮流已趋向国际化，但是对上述信息，还要结合实际情况进行分析，不宜照搬照抄。因此，很多企业当年生产的服装产品，并非全是最新面料，一般50%的面料用上一年最热销的，30%的面料才是最新流行的，而其余20%的面料则是根据客户的要求或市场的动向来随时更改和灵活掌握的。

三、面料的选择方法

在选择面料的过程中，除了上述原则外，还有一些具体的方法值得注意。

1. 面料的外观、手感和风格

对面料的选择，离不开对面料的外观、手感和风格的识别与评判，这些常靠人们的感官和经验来判断。

（1）织物的外观。所谓外观是指靠眼睛来选择织物。

①织物的颜色要纯正而匀净。布面颜色纯正，黑就是黑，灰就是灰，并且染色

要均匀，不能有色花、色斑，否则影响服装质量。

②织物的布面纹路要清晰，经平纬直，布面匀净。

③布面要顺直而平整。

④布面的光泽自然，既不能无光泽，又不能有极光。

⑤布面的花型图案应符合要求。

（2）织物的手感。所谓手感是指用手去触摸织物，靠抓、捏、摸、搓的感觉来判断织物的弹性、板硬和活络的程度等。

（3）织物的风格。服装的不同风格，是靠织物的风格来塑造和完成的。通过用手的感触，判断织物是轻薄、飘逸，还是厚实、挺括，是活络，还是板硬，是滑、挺、爽的风格，还是滑、挺、糯的风格。织物的手感风格在很大程度上受人们主观心理和经验的影响。

2. 对织物进行测试

服装企业有必要对新购进的织物作必要的测试，如缩水率、整烫缩率、剥离强度、染色牢度等，以保证产品质量并确定加工工艺。其中染色牢度是很重要的一项指标，染色牢度不好，常常成为消费者投诉的原因。特别是黑色、大红色和天蓝色的织物，在选择时尤应引起注意。

第二节　纤维的鉴别方法

纤维的鉴别方法很多，常用的有手感目测法、燃烧法、显微镜观察法、化学溶解法、药品着色法、熔点法和红外吸收光谱鉴别法等。此外，鉴别纤维的方法还有双折射法、密度法、X 射线衍射法等。不同方法各有特点，在鉴别纤维时，往往需要综合运用多种方法才能做出准确的判断。

一、手感目测法

手感目测法最简便，不需要任何仪器。根据纤维的外观形态、色泽、手感、伸长、强度等特征来判断天然纤维或化学纤维。但需要丰富的实践经验，而且有一定的局限性，难以鉴别化学纤维中的具体品种。

二、燃烧法

燃烧法是最常用的一种方法，基本原理是利用各种纤维的不同化学组成和燃烧特征来粗略地鉴别纤维种类。鉴别方法是用镊子夹住一小束纤维，慢慢移进火焰。仔细观察纤维接近火焰时、在火焰中以及离开火焰时，烟的颜色、燃烧速度、燃烧后灰烬的特征以及燃烧气味，加以记录，对照表1-2-1来进行判别。燃烧法也有一定的局限性，只适用于单一成分的纤维、纱线、织物的鉴别。对于混纺产品、包芯纱以及经过防火、阻燃或其他后整理的产品不适用。

表1-2-1 几种常见纤维的燃烧特征

纤维名称	接近火焰	在火焰中	离开火焰后	燃烧后残渣形态	燃烧时气味
棉、麻、黏胶纤维	不熔不缩	迅速燃烧	继续燃烧	少量灰白色的灰	烧纸味
羊毛、蚕丝	收缩	逐渐燃烧	不易延烧	松脆黑色块状物	烧毛发臭味
涤纶	收缩、熔融	先熔后燃烧，且有熔液滴下	能延烧	玻璃状黑褐色硬球	特殊芳香味
锦纶	收缩、熔融	先熔后燃烧，且有熔液滴下	能延烧	玻璃状黑褐色硬球	氨臭味
腈纶	收缩、微熔、发焦	熔融、燃烧，有发光小火花	继续燃烧	松脆黑色硬块	有辣味
维纶	收缩、熔融	燃烧	继续燃烧	松脆黑色硬块	特殊甜味
丙纶	缓慢收缩	熔融、燃烧	继续燃烧	硬黄褐色球	轻微沥青味
氨纶	收缩、熔融	熔融、燃烧，有大量黑烟	不能延烧	松脆黑色硬块	有氯化氢臭味

三、显微镜观察法

借助显微镜观察纤维的纵向外形和截面形态特征，对照纤维的标准显微照片和资料，可以正确地区分天然纤维和化学纤维。这种方法适用于纯纺、混纺和交织产品。

四、化学溶解法

化学溶解法是利用各种纤维在不同化学溶剂中的溶解性能来鉴别纤维的方法，这种方法适用于各种纺织材料。鉴别时，对于纯纺织物，只要把一定浓度的溶剂注入盛有待鉴别的试管中，然后观察纤维在溶液中的溶解情况，如溶解、微溶解、部分溶解和不溶解等，并仔细记录溶解温度，如常温溶解、加热溶解、煮沸溶解。对于混纺织物，需把织物先分解为纤维，然后放在凹面载玻片中，一边用溶液溶解，一边在显微镜下观察，观察各组分纤维的溶解情况，以确定纤维种类。

在用化学溶解法鉴别纤维时，应严格控制溶剂的浓度和溶解时的温度，见表 1–2–2。

表 1–2–2　几种常见纤维的溶解性能

纤维种类	37%盐酸 24℃	75%硫酸 24℃	5%氢氧化钠 煮沸	85%甲酸 24℃	冰醋酸 24℃	间甲酚 24℃	二甲基甲酰胺 24℃	二甲苯 24℃
棉	I	S	I	I	I	I	I	I
羊毛	I	I	S	I	I	I	I	I
蚕丝	S	S	S	I	I	I	I	I
麻	I	S	I	I	I	I	I	I
黏胶纤维	S	S	I	I	I	I	I	I
醋酯纤维	S	S	P	S	S	S	S	I
涤纶	I	I	I	I	I	S（93℃）	I	I
锦纶	S	S	I	S	I	S	I	I
腈纶	I	SS	I	I	I	I	S（93℃）	I
维纶	S	S	I	S	I	S	I	I
丙纶	I	I	I	I	I	I	I	S
氨纶	I	I	I	I	I	I	S（93℃）	I

注　S—溶解；SS—微溶；P—部分溶解；I—不溶解。

五、药品着色法

药品着色法是根据各种纤维对不同化学药品的着色性能的差别来迅速鉴别纤维的一种方法，此法只适用于未染色产品。有通用和专用两种着色剂。通用着色剂是由各种染料混合而成，可对各种纤维着色，再根据所着颜色来鉴别纤维；专用着色剂是用来鉴别某一类特定纤维的。通常采用的着色剂为碘—碘化钾溶液，还有 1 号、4 号和 HI 等若干种着色剂。各种着色剂和着色反应参见表 1–2–3、表 1–2–4，用此法鉴别纤维时，为了不影响鉴别结果，应先除去待测试样上的染料和助剂。

表 1-2-3 几种常见纤维的着色反应

纤维种类	着色剂 1 号	着色剂 4 号	杜邦 4 号	日本纺检 1 号
纤维素纤维	蓝色	红青莲色	蓝灰色	蓝色
蛋白质纤维	棕色	灰棕色	棕色	灰棕色
涤纶	黄色	红玉色	红玉色	灰色
锦纶	绿色	棕色	红棕色	咸菜绿色
腈纶	红色	蓝色	粉玉色	红莲色
醋酯纤维	橘色	绿色	橘色	橘色

注 1. 杜邦 4 号为美国杜邦公司的着色剂。
2. 日本纺检 1 号是日本纺织检验协会的纺检着色剂。
3. 着色剂 1 号和着色剂 4 号是纺织纤维鉴别试验方法标准草案所推荐的两种着色剂。

表 1-2-4 几种常见纤维的着色反应

纤维种类	HI 着色剂着色	碘—碘化钾溶液着色	纤维种类	HI 着色剂着色	碘—碘化钾溶液着色
棉	灰	不染色	维纶	枚红	蓝灰
麻	青莲	不染色	锦纶	酱红	黑褐
蚕丝	深紫	浅黄	腈纶	桃红	褐色
羊毛	红莲	浅黄	涤纶	红玉	不染色
黏胶纤维	绿	黑蓝青	氯纶	—	不染色
铜氨纤维	—	黑蓝青	丙纶	鹅黄	不染色
醋酯纤维	橘红	黄褐	氨纶	姜黄	—

注 1. 碘—碘化钾饱和溶液是将碘 20g 溶解于 100mL 的碘化钾饱和溶液。
2. HI 着色剂是东华大学和上海印染公司共同研制的一种着色剂。

六、熔点法

熔点法是根据合成纤维的不同熔融特性，在化纤熔点仪上或在附有加热台的测温装置的偏振光显微镜下观察纤维消光时的温度来测定纤维的熔点，这种方法不适用于不发生熔融的纤维素纤维和蛋白质纤维，而且不单独使用。几种合成纤维的熔点参见表 1-2-5。

表 1-2-5 几种合成纤维的熔点

纤维种类	棉	羊毛	蚕丝	锦纶 6	锦纶 66	涤纶	腈纶	维纶	丙纶	氯纶
熔点（℃）	—	—	—	210～224	250～258	255～260	不明显	225～239	163～175	202～204

七、红外吸收光谱鉴别法

各种材料由于结构不同，对入射光的吸收率也不相同，对可见的入射光会显示不同的颜色。利用仪器测定各种纤维对红外波段各种波长入射光的吸收率，可以得到各自的红外吸收光谱图。这种鉴别方法比较可靠，但要求有精密的仪器，因此应用不普遍。

第三节　织物正反面及经纬向的鉴别

服装所用织物的品种、花色无以计数，从事服装工作的人应该正确地判断织物的组织、结构、品种、加工工艺等，以便合理地选用各种面料设计服装、正确裁剪、缝制及保管等。

一、织物正反面的鉴别

不同的原料、组织、织造及整理工艺使织物具有不同的正反面，因此，应正确判断织物的正反面，为正确裁剪及穿用提供依据。一般情况下，织物正面光洁清晰，特征明显，且优质原料暴露在表面。

（1）按织物的组织鉴别，见表1-3-1。

表1-3-1　不同组织的织物正面特征

织物类别	正面特征
平纹织物	匀净光滑平整
斜纹织物	斜纹纹路清晰，质地饱满
缎纹织物	表面光滑，光泽柔和，质地饱满细腻
提花织物	花纹突出清晰，质地饱满，色泽均匀，花地组织清晰
起毛织物	单面起毛时正面有绒毛，双面起毛时正面绒毛光洁整齐
绉织物	颗粒组织或绉线而形成的绉效应明显
毛巾织物	表面有均匀的毛圈
纱罗织物	表面有清晰的纱孔
双层织物	表面精细、平整而饱满，质地厚重

（2）按布边鉴别。如果布边上有文字、针眼等标记，以突出这一标记的一面作为正面。

（3）按风格鉴别。如果是特殊外观风格的面料，则以突出这一外观风格的一面作为正面。

（4）按戳、印鉴别。如果织物上有戳、印，则外销产品戳、印在正面，内销产品戳、印在反面。

（5）按卷装形式鉴别。市面上出售的织物通常是卷状的，一般卷在里面的是织物正面。

二、织物经纬向的鉴别

对经纬向判断的正确与否影响到服装加工工艺与造型设计，经纬向确定依据如下。

（1）平行于布边方向的系统纱线为经向，垂直于布边方向的系统纱线为纬向。

（2）长丝和短纤维纱分别做经纬时，一般长丝作经，短纤维纱作纬。

（3）半线或凸条织物，一般股线或并股纱作经。

（4）毛圈织物以起毛圈纱线为经线。

（5）加捻与不加捻丝线分别作经纬时，一般加捻方向为经向。

第四节　织物组织分析及密度的测定

一、织物组织分析

不同组织结构的织物具有不同的特征和性能，从而影响到服装的裁剪和穿用，因此，必须在短时间内正确地分析出组织类别。各种组织结构类别很多，在实际工作中，除参考一定方法外，还应逐步积累经验，准确地摸索出组织规律及其特点，以便更好地利用好各种织物。

分析织物组织常用的工具是照布镜、分析针、剪刀及颜色纸等，常用的方法是拆拨法。分析织物组织就是找出经、纬丝线的交织规律，确定是何种组织。一般对密度较小、丝线较粗、组织较简单的织物，可用照布镜直接观察，画出组织图。而对密度较大、丝线较细、组织较复杂的织物，则用拆拨法来分析。所谓拆拨法就是利用分析针和照布镜，观察织物在拨松状态下的经、纬交织规律。具体步骤如下。

（1）确定拆拨系统，一般拆密度大的系统，容易观察出交织规律。如经密大于纬密，应拆经线。

（2）确定出织物的正反面，以容易看清组织点为原则。如经面缎纹组织，拆纬面效应面为好。

（3）将布样经、纬线沿边缘拆去 1cm 左右，留出丝缨，便于点数。然后在照布镜下，用针将第一根经线（或纬线）拨开，使其与第二根经线（或纬线）稍有间隙，置于丝缨之中，即可观看第一根经线（或纬线）的交织情况，并把观察到的交织情况记录在方格纸上，然后把这一根纱线拆掉。用同样的方法分析第二根纱线、第三根纱线……以分析出两个或几个组织循环为止。注意分析的方向应与方格纸方向一致，否则有误。

参考说明：

①一般单经单纬简单组织：如平纹、斜纹、重平、小提花、纱罗等组织可按上述方法，逐一分析出经向和纬向组织；

②缎纹组织：先用照布镜确定出组织循环数和经纬效应，包括经线循环及纬线循环，然后拆拨出 2~3 根经线或纬线，即可确定出经向飞数或纬向飞数，再根据经纬线循环数和飞数画出整个组织图，不规则缎纹组织需逐根拆拨分析出结果；

③重组织和双层组织：重经组织一般拆经线而不拆纬线，重纬组织一般拆纬线而不拆经线，重经重纬或双层组织，经纬两个方向都要拆拨，灵活对待；

④绉组织：一般简单的经纬循环且绸面可看出规律的，按单经单纬简单组织处理；

⑤纹织物（大提花织物）：纹织物的分析比素织物容易些，不必逐根拆线，只需分别拆出地部和花部的组织即可。

二、织物的密度测定

织物的密度分为经密和纬密两种，一般以 10cm 长度内经纱或纬纱的根数表示。织物密度的大小直接影响到织物的外观、手感、厚度、强力、透气性、保暖性、耐磨性，还对服装的缝制工艺和穿用寿命有影响。通常织物越密，越不易劈裂，穿用寿命越长，但通透性差。

经纬密度的测定方法有以下三种。

1. 拆线法

在织物的相应部位剪取长宽各符合最小测定距离的试样，拆去试样边部的断纱，小心修正试样到5cm的长宽，然后逐根拆去点数，再换算成10cm长度内经纱或纬纱的根数。

2. 直接测量法

借助照布镜或密度分析镜来完成。分析时，将仪器放在展平的布面上，查取10cm中的经纱或纬纱的根数，为了准确起见，可取布面的5个不同部位来测，取平均值。

3. 间接测量法

这种方法适用于密度大或丝线细且有规律的高密度织物。首先数出一个循环的经线（或纬线）根数，然后乘以10cm内的组织循环个数。

织物的各项分析对材料的选择有很大的指导作用，必须认真细致地做。如有其他需要，可查阅有关书籍或手册。

第二章　纱线的性能与品质

第一节　纱线的分类

纱线是由纺织纤维沿长度方向聚集而成的柔软、细长并具有一定力学性质的纤维集合体。在传统概念中，纱线是“纱”和“线”的统称。纱是由短纤维沿轴向排列并经加捻而成的，或用长丝（加捻或不加捻）组成的，俗称单纱；“线”是由两根或两根以上的单纱并合加捻而成的。

由于纱线的品种繁多，其分类方法多种多样，下面介绍纱线常见的几种分类方法。

一、按结构和外形分

（一）长丝纱

长丝纱分为单丝纱、复丝纱、复合捻丝和变形纱。

1. 单丝纱

即单根长丝，可用来制作轻薄、透明的织物，如丝袜、头巾等。

2. 复丝纱

由多根长丝组成的丝束，其又分为无捻复丝和有捻复丝。无捻复丝的各根单丝之间彼此独立，没有约束；有捻复丝因加捻而增加了各根单丝之间的抱合力。复丝纱广泛用于机织物和针织物中。

3. 复合捻丝

有捻复丝再经过一次或多次合并、加捻而成。

4. 变形纱

变形纱是利用合成纤维受热时可塑化变形的特性制成的一种具有弹性或高度蓬松性的纱线。变形纱线有两种形式，一种是以追求蓬松性为主的，如膨体纱和网络丝。其特性是体积蓬松，手感松软，并具有高度的压缩弹性；另一种是以追求伸缩弹性为主的化纤长丝纱，简称弹性丝。

（1）膨体纱。对高收缩纤维和低收缩纤维混纺纱进行热松弛处理（汽蒸或沸水处理）后，高收缩纤维因收缩长度变短成为纱芯，低收缩纤维则被挤到表面形成圈环，从而纱条蓬松柔软，故称为膨体纱。膨体纱以腈纶为主，常用作绒线、内衣或外衣等。

（2）网络丝。利用压缩空气喷吹丝束，使之每隔数厘米就互相纠缠形成网络点，这就是网络丝。网络丝因有网络结点，用它织成的织物厚实，有毛织物的风格。

（3）弹性丝。通过假捻法、刀口变形法等加工处理，使伸直状态的长丝变为具有卷曲、螺旋等外观特性，即变得手感蓬松柔软、有弹性。弹性丝依据弹性大小分为高弹丝和低弹丝。高弹丝具有优良的弹性和蓬松性，以锦纶变形纱为主，主要用于弹性针织物，如运动衣、泳衣、弹力袜等。低弹丝具有适度的弹性和蓬松性，但远低于高弹丝。低弹丝主要以涤纶长丝为原料，少数用丙纶、锦纶等合纤维制造，它提供的基本上还是普通长丝纱的外观效果，但触感松软，可用作普通面料。

几种变形纱的外观，如图 2-1-1 所示。

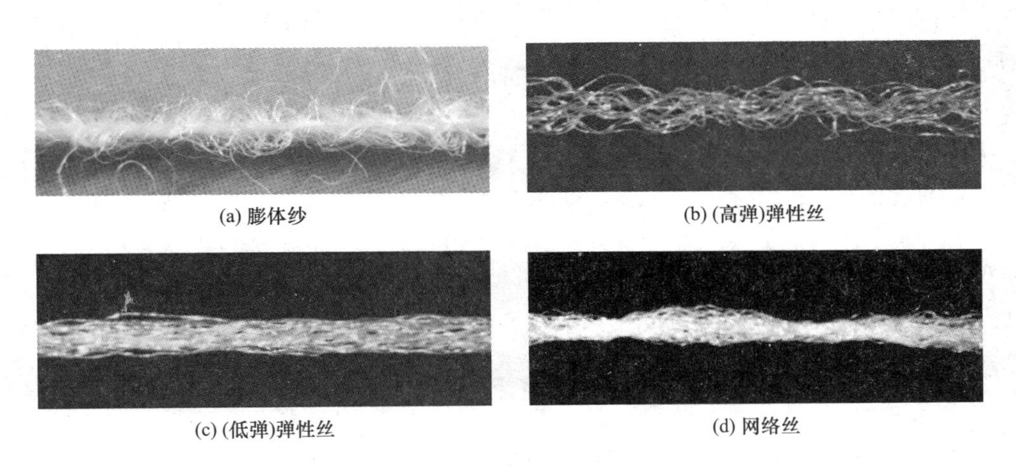

(a) 膨体纱　(b) (高弹)弹性丝　(c) (低弹)弹性丝　(d) 网络丝

图 2-1-1　几种变形纱的外观

（二）短纤纱

短纤纱是以各种短纤维为原料经过纺纱工艺制成的纱线。

1. 按结构分

（1）单纱。由短纤维集束成条并加捻而成。

（2）股线。由两根或两根以上的单纱合并加捻而成。

（3）复捻股线。由两根或两根以上的股线合并加捻而成，如缆绳。

单纱、股线和复捻股线的外观如图 2-1-2 所示。

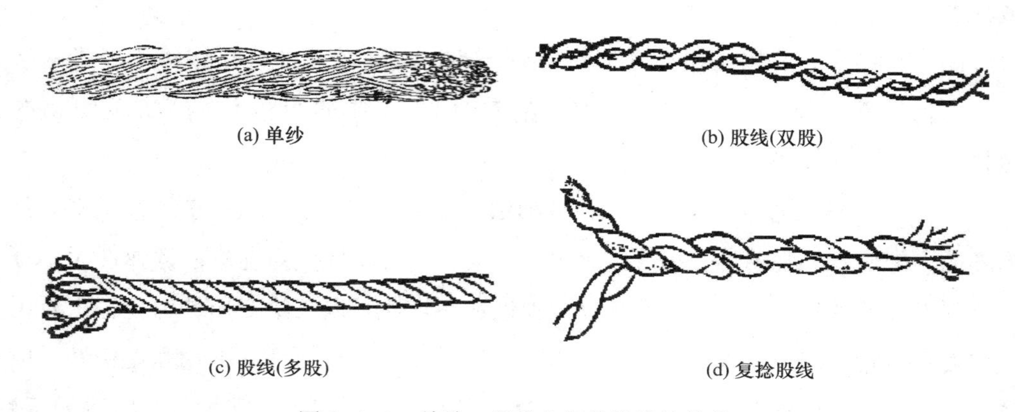

图 2-1-2　单纱、股线和复捻股线的外观

2. 按纤维长度分

（1）棉型纱线。指用原棉或用长度、细度类似棉纤维的短纤维，在棉纺设备上加工而成的纱线。

（2）毛型纱线。指用羊毛或用长度、细度类似羊毛纤维的短纤维，在毛纺设备上加工而成的纱线。

（3）中长纤维型纱线。指用长度、细度介于棉、羊毛纤维之间的短纤维，在棉纺或中长纤维专用设备上加工而成的具有一定毛型感的纱线。

（三）长丝/短纤组合或复合纱

即由短纤维和长丝组合或复合而成，典型产品有包缠纱和包芯纱。

1. 包缠纱

包缠纱是长丝纤维包覆在短纤维纱芯上，如以棉纤维为纱芯外包真丝的包缠纱，外观平滑、蓬松，用其织成的织物吸湿性好，有真丝外观。

2. 包芯纱

包芯纱是短纤维包覆在长丝纱芯上，如涤/棉包芯纱以涤纶长丝为纱芯，外包棉纤维，可用来织制烂花织物，当织物中（花纹部分）包覆在涤纶长丝纱外面的棉纤维被酸解后，由于只剩下了涤纶的纱芯骨架（涤纶在酸液中性能稳定），因而就能在织物表面形成立体感很强的花纹。以氨纶为纱芯，外包棉纤维可得到棉/氨弹性包芯纱，用其织成的织物既有一定的弹性又有棉织物的特点。

3. 长丝/短纤合股纱

由长丝纱和短纤纱平行捻合而成，这样可兼顾长丝纱和短纤纱的风格特征和各自优势。

（四）花式纱线

常常由短纤纱或长丝纱进行不规则的合股制成，具有各种不同特殊结构和外观，如雪尼尔纱、圈圈线、结子纱、羽毛纱等。各类花式纱线根据其原料组成、外观、手感及纱支粗细等不同特点，可以形成多种风格的产品，被广泛应用于服装、装饰织物和手工编结线等领域。

二、按组成纱线原料分

1. 纯纺纱

由同一种纤维原料纺成的纱线称为纯纺纱线，如纯棉纱、纯毛纱、纯黏胶纱等。

2. 混纺纱

由两种或两种以上的纤维混合纺成的纱线。混纺纱的命名，按原料混纺比的多少排列，含量多的在前，当含量相同时，则按天然纤维、合成纤维、再生纤维顺序排列，原料之间以“/”分隔。如65%涤纶与35%棉的混纺纱称为“涤/棉纱”，50%涤纶、15%锦纶和35%棉的混纺纱称为“涤/棉/锦纱”。对于棉和涤纶混纺而成的纱，若棉的含量高于涤纶的含量，习惯上称为CVC纱（Chief value of cotton，以棉为主要成分的纱）或倒比例的涤/棉混纺纱。

三、按纺纱工艺分

对于棉型纱和毛型纱，按纺纱工艺的不同，分为普梳纱和精梳纱，前者也称为粗梳纱。

1. 普梳棉纱和精梳棉纱

普梳棉纱是按一般的棉纺纺纱工艺纺成的纱。精梳棉纱是在普梳棉纱纺纱工艺的基础上经过精梳工序纺成的纱。精梳纱比普梳纱短绒杂质少，纤维平行伸直度好，纱条条干均匀、光洁，多用于织制高档产品。

2. 粗梳毛纱和精梳毛纱

精梳毛纱是采用长度长、细度细的优质毛纤维按精梳毛纺纺纱工艺加工而成的纱，纱条光洁、条干细而均匀，常用来织制轻薄高档的精纺毛织物。粗梳毛纱是采用精纺落毛和较粗短的毛纤维按粗梳毛纺纺纱系统加工而成的纱，纱条条干较粗，结构疏松，表面毛茸多，用于织制粗纺毛织物。

四、按纺纱方式分

根据纺纱方式分类也即按纺纱所用的机构和作用原理分类，可分为环锭纱和非环锭纺纱。

1. 环锭纱

用环锭细纱机纺制的纱线，包括传统环锭纱和在环锭细纱机上加装特殊装置纺制的纱。后者种类较多，如集聚纺纱（Compact yarn）纺纱、赛络纺纱（Sirospun yarn）等。

2. 非环锭纺纱

用非环锭纺纱机纺制的纱。非环锭纺纱根据对纤维的握持作用不同分为自由端纺纱和非自由端纺纱，如转杯（气流）纺纱、摩擦纺纱等为自由端纺纱；如喷气纺纱、自捻纺纱等为非自由端纺纱。

五、按用途分

1. 织造用纱

分为机织用纱和针织用纱两种。机织用纱又分为经纱和纬纱。经纱是与机织物的布边平行的纱，即沿织物长度方向排列的纱，一般强力高、捻度大。纬纱是与机织物的布边垂直的纱，即沿织物宽度方向排列的纱，一般强力稍低。针织用纱一般要求条干均匀、接头和粗细节少。若机织物或针织物为起绒织物，则相应的起绒纱要求捻度小、结构松软。

2. 其他用纱

如缝纫线、绣花线、轮胎帘子线等。

六、按纱线粗细分

棉型纱线按粗细可分为粗特纱、中特纱、细特纱和超细特纱。

1. 粗特纱

线密度在32tex以上的较粗的纱。

2. 中特纱

线密度在21~31tex，介于细特和粗特之间的纱。

3. 细特纱

线密度在11~20tex较细的纱。

4. 超细特纱

线密度在10tex及以下很细的纱。

七、其他分类方法

按纱线的染整和后加工方法分为丝光纱、烧毛纱、本色纱、染色纱、漂白纱等；按纱线的加捻方向分为S捻和Z捻纱线；按纱线的卷装形式分为管纱、筒子纱、绞纱等。

第二节　纱线的生产工艺

纱线包括长丝、短纤纱和长丝/短纤复合纱。除长丝外，其他纱线均需通过纺纱系统加工生产。考虑到组成短纤纱的纤维种类、纤维中含有的杂质和纤维本身的性质，各种纱线需用的纺纱系统也不尽相同。

根据纤维原料的种类，纺纱系统可分为棉纺、毛纺、麻纺、绢纺和化学纤维纺纱系统。这些纺纱系统的具体生产工艺流程虽有较大差异，但这些工艺流程中包含的工序目的是一致的。普梳棉纺系统包括开清棉、梳棉、并条、粗纱、细纱和后加工等工序，精梳棉纺系统须在普梳棉纺系统的梳棉工序后增加一道精梳工序。下面以纯棉环锭纱为例，对纺纱工序加以介绍。

一、纱线生产工序

1. 开清棉

（1）任务。开清棉的主要任务有开松、除杂、混合以及成卷。开松是将棉包中压紧的块状纤维开松成小棉块或小棉束；除杂是去除原棉中50%～60%的杂质；混合，即将各种品级的原棉进行均匀混合；成卷，即制成均匀的棉卷或棉丛供梳棉工序使用。

（2）工艺流程。棉纤维属于天然纤维，含有各种各样的杂质，如籽屑、碎叶、碎枝杆、棉籽软皮等。开清棉工序所用设备主要包括抓棉机、混棉机、开棉机和清棉机。压紧的棉包中的原棉被抓棉机抓取，同时其被开松成小块，再经过以混合作用为主的混棉机、以开松作用为主的开棉机和以清除细小杂质及形成棉卷或棉丛的清棉机，棉块逐渐成为小棉束，最后形成棉卷或棉丛（棉丛直接输送到下一道工序的梳棉机中）。

2. 梳棉

（1）任务。梳棉的任务有梳理、除杂、混和以及成条。梳理的目的是使棉束分解成单纤维；除杂是为了进一步清除杂疵，并去除一部分短绒；混合是进行单纤维间的混和；成条是制成均匀的棉条（生条）供下道工序使用。

（2）工艺流程。原棉经过开清棉工序的开松、除杂后，基本上呈纤维块或纤维束状，并残留有细小杂质。棉卷或棉丛均匀喂入梳棉机，其在表面包覆有针布的机件的梳理作用下被进一步松解，纤维束分离成单根纤维状态并平行顺直，纤维之间得到了进一步细致的混合、均匀，伴随着疵点和杂质的进一步清除，一部分短绒也得以去除，最后形成均匀的棉条，且有规则地圈放在棉条筒中。

3. 精梳

（1）任务。精梳的任务是去除短绒、杂质和棉结，分离伸直纤维及成条。去除短绒是为了提高纤维的平均长度及整齐度；排除条子中的杂质和棉结，可提高成纱的外观质量；使纤维进一步伸直、平行和分离可提高成纱的均匀度；成条是为了制成均匀的精梳棉条。

（2）工艺流程。精梳工序的设备包括精梳准备机械和精梳机。首先将梳棉工序制得的棉条先经过精梳准备机械的加工，即通过牵伸作用改善棉条中纤维的伸直平行度，同时制成均匀的精梳小卷。精梳小卷喂入精梳机，通过精梳锡林对纤维进行两端梳理，进一步分离纤维，提高纤维的伸直平行度，排除生条中一定长度以下的短绒，最后加工成圈放在条筒中。

4. 并条

（1）任务。并条的任务是并合、牵伸及混合。在并条工序将6~8根条子并合，改善条子的重量不匀；牵伸是将条子抽长拉细，以提高纤维的伸直平行度和分离度；混合是利用反复并合和牵伸实现单纤维间的精确混合；并条工序所形成的条子同样有规律地圈放在条筒中。

（2）工艺流程。对于普梳系统，将6~8根生条同时喂入并条机（头道并条），并合的条子通过牵伸装置的牵伸，成为与原来单根条子粗细相仿的半熟条；6~8根半熟条再一次喂入并条机（二道并条）制得熟条。对于精梳系统，只需经过一道并条。

5. 粗纱

（1）任务。粗纱工序的任务是牵伸、加捻和卷绕。牵伸是将棉条抽长拉细成为粗纱；加捻是给粗纱加上一定的捻度，提高粗纱强力，从而能承受加工过程中的张力，防止意外牵伸；卷绕是将加捻后的粗纱卷绕在筒管上。

（2）工艺流程。将并条机制得的熟条喂入粗纱机的牵伸装置，经过5~14倍的牵伸，使棉条抽长拉细，再利用加捻装置对其加捻，形成的粗纱卷绕到粗纱管上。

6. 细纱

（1）任务。同粗纱工序的任务一样，细纱工序的任务也是牵伸、加捻和卷绕。牵伸是将粗纱牵伸到所要求的线密度；加捻则给牵伸后的纱条加上一定的捻度，使纱条具有一定的强力、弹性和光泽；卷绕则将细纱卷绕成管纱，以便于运输和后加工。

（2）工艺流程。将粗纱喂入细纱机的牵伸装置，经过10~40倍的牵伸，将粗纱牵伸成符合一定粗细的须条，再经加捻装置对其加捻，形成的细纱卷绕到细纱管上。

7. 后加工

（1）任务。后加工的任务是：改善外观质量，如去除粗细节、烧掉表面的毛羽等；改善内在性能，如改善强力、耐磨性、条干等；产生独特效果，如花式线等；稳定产品结构，如稳定捻度等；改变卷装形式，如将管纱制成筒子纱、绞纱等。

（2）工艺流程。后加工包括络筒、并纱、捻线、烧毛、摇纱、成包等加工过程。根据需要可选用其中的部分或全部加工工序。

二、纱线品名

纱线品名包括原料代号、混纺比、生产工艺过程代号、细度和用途代号五部分，主要品种各部分代号见表2-2-1。

表2-2-1 主要品种代号

类别	品种	代号	举例
按不同原料分	涤/棉混纺纱	T/C	T/C 13
	维/黏混纺纱	V/R	V/R 18
	涤/黏混纺纱	T/R	T/R 18
	腈纶纯纺纱	A	A 19
按不同混纺比分	涤/棉 65/35 混纺纱	T/C 65/35	T/C 65/35 13
	涤/棉 50/50 混纺纱	T/C 50/50	T/C 50/50 18
	棉/涤 55/45 混纺纱	C/T 55/45	C/T 55/45 28
按不同工艺分	绞纱	R	R 28　R 14×2
	筒子纱	D	D 20　D 14×2
	精梳纱	J	J 10W J 7×2T
	烧毛纱	G	G 10×2
	经电子清纱器纱	E	E 28
	气流纺纱	OE	OE 36
按不同用途分	经纱	T	28T　14×2T
	纬纱	W	28W　14×2W
	针织用纱	K	10K　7×2K
	起绒用纱	Q	96Q

注　如“精梳65/35涤/棉混纺13tex筒子纬纱”用“T/C 65/35 JD13W”表示。

第三节　纱线的细度

纱线的粗细影响着织物的结构、外观和力学性质。使用细的纱线织制的织物，单位面积重量较轻、薄而柔软、强力较低；使用粗的纱线织制的织物，单位面积重量较重、厚实而硬挺、强力较高。

一、纱线的细度指标

纱线的细度指标有直接指标和间接指标两大类。直接指标可用纱线的直径和截面积来表示。但是，因为纱线表面有毛羽，截面形状不规则且容易变形，纱线直径和截面积测量不便。因此，纱线粗细的表示方法常常采用间接指标。

1. 定长制

定长制是指用一定长度纱线的重量来表示纱线的细度，显然其值越大，纱线越粗。

（1）线密度 Tt。线密度 Tt 是指 1000m 长的纱线在公定回潮率时的重量克数，其单位为特克斯（tex），特克斯为法定计量单位，简称特。计算公式如下：

$$\mathrm{Tt} = \frac{1000 \times G_k}{L} \tag{2-3-1}$$

式中：Tt——纱线的线密度，tex；

G_k——纱线在公定回潮率时的重量，即公量或标准重量，g；

L——纱线的长度，m。

实验室常采用绞纱称重法来测量纱线的线密度，即在摇纱器上摇取绞纱，每缕绞纱 100 圈，每圈周长 1m，每批纱样摇取 30 绞，烘干后称总重。将总重除以 30，得到每绞纱的平均干重。根据下式求得所测纱线的线密度：

$$\mathrm{Tt} = 10 \times G_0 \times (1 + W_k) \tag{2-3-2}$$

式中：G_0——每绞纱的平均干重，g；

W_k——纱线的公定回潮率，见表 2-3-1。

表 2-3-1 常见纱线的公定回潮率

纱线类别	纯棉纱	纯亚麻纱	纯苎麻纱	精梳毛纱	粗梳毛纱	纯涤纶纱	纯锦纶纱	纯黏胶纱	纯腈纶纱	纯维纶纱	65/35 涤/棉纱
W_k (%)	8.5（英制 9.89）	12.0	10.0	16.0	15.0	0.4	4.5	13.0	2.0	5.0	3.2

混纺纱的公定回潮率按各混纺组分的纯纺纱线的公定回潮率和混纺比的加权平均来计算，四舍五入取一位小数。计算公式如下：

$$W_k = \sum_{i=1}^{n} (a_i W_{ki}) \tag{2-3-3}$$

式中：W_k——混纺纱的公定回潮率；

W_{ki}——各组分纯纺纱线的公定回潮率；

a_i——各组分的干重混纺比。

例如，求 65/35 涤/棉混纺纱的公定回潮率。

由表 2-3-1 可查得：涤纶纱的公定回潮率 $W_{k1}=0.4\%$，纯棉纱的公定回潮率 $W_{k2}=8.5\%$，根据公式 2-3-3 可计算混纺纱的公定回潮率：

$$W_k = \sum_{i=1}^{n} (a_i W_{ki}) = 0.65 \times 0.004 + 0.35 \times 0.085 = 0.03235 \approx 0.032$$

因此，65/35 涤/棉混纺纱的公定回潮率为 3.2%。

单纱的线密度表示方法，如 14 特单纱，写作 14tex；股线的线密度用“单纱线密度×合股数”表示，如 14tex×2；复捻股线用“单纱线密度×初捻合股数×复捻合股数”表示，如 14tex×2×3。当不同线密度的单纱合股时，股线线密度以单纱线密度相加来表示，如 18tex+16tex。

（2）纤度 N_D。纤度 N_D 是指 9000m 长的纱线在公定回潮率时的重量克数，单位为旦，通常用于表示天然长丝或化纤的细度，也称纤度，计算公式为：

$$N_D = \frac{9000 \times G_k}{L} \tag{2-3-4}$$

式中：N_D——长丝的旦尼尔数，旦；

G_k——长丝在公定回潮率时的重量，g；

L——长丝的长度，m。

复丝的细度用“复丝细度/单丝的根数”来表示，如 240 旦/35F（F 表示 Filament——长丝）；复捻丝细度用“复丝细度/单丝的根数×复捻丝束合股数”来表示，如240旦/35F×2；异粗细复合丝用“各单丝细度相加/各单丝根数相加”来表示，如（10+15）旦/（20+10）F。

2. 定重制

定重制是以一定重量纱线的长度来表示纱线的细度，显然其值越大，纱线越细。

（1）公制支数 N_m。公制支数 N_m 是指在公定回潮率时，1克重的纱线所具有的长度米数。计算公式如下：

$$N_m = \frac{L}{G_k} \tag{2-3-5}$$

式中：N_m——纱线的公制支数，公支；

G_k——纱线在公定回潮率时的重量，g；

L——纱线的长度，m。

公制支数是我国表示毛纱和毛型化纤纱线细度的惯用计量单位。棉纺厂表示棉纤维的粗细，也习惯采用公制支数。

公制支数与线密度的关系为：

$$N_m = \frac{1000}{\mathrm{Tt}}$$

单纱公制支数的表示，如公制支数为50的单纱，写作50公支；股线的公制支数用“单纱公制支数/股数”表示，如48公支/2；当不同公制支数的单纱合股时，则用“单纱公制支数并列，以斜线隔开”表示，如24/48公支。股线公制支数（不计捻缩），按下式计算：

$$N_m = \frac{1}{\frac{1}{N_1} + \frac{1}{N_2} + \cdots + \frac{1}{N_n}} \tag{2-3-6}$$

式中：N_1，N_2，…，N_n——各单纱的公制支数。

毛纺厂测量毛纱公制支数时，先将毛纱摇成若干个绞纱，绞纱每圈周长1m，绞纱长度 L 等于圈数（精梳毛纱每绞50圈，粗梳毛纱每绞20圈，绒线每绞5圈）。n 绞毛纱烘干后称总干重为 G_0，则按公式2-3-5计算：

$$N_m = \frac{L}{G_k} = \frac{n \times L}{G_k} = \frac{n \times L}{G_0(1 + W_k)}$$

式中：W_k——毛纱的公定回潮率。

（2）英制支数 N_e。英制支数是指在英制公定回潮率时，1 磅重的纱线有多少个基本长度的倍数（棉纱的基本长度为 840 码，精梳毛纱为 560 码，粗梳毛纱为 256 码，麻纱为 300 码）。棉型纱线的细度曾使用英制支数表示，目前该指标仍在许多企业使用。计算公式如下：

$$N_e = \frac{L_e}{840 \times G_{ek}} \quad (2-3-7)$$

式中：N_e——棉型纱线的英制支数，英支；

L_e——纱线的长度，码（1 码=0. 9144m）；

G_{ek}——纱线在英制公定回潮率时的重量，磅（1 磅=453. 6g）。

股线英制支数的表示方法和计算方法与公制支数相同，如 60 英支/2。

棉型纱线英制支数与公制支数、线密度间的指标换算时，应注意公制、英制公定回潮率的不同。换算公式如下：

$$N_e = \frac{590.5}{\text{Tt}} \times \frac{1 + W_{mk}}{1 + W_{me}} = \frac{C}{\text{Tt}} \quad (2-3-8)$$

式中：W_{mk}——纱线的公制公定回潮率；

W_{me}——纱线的英制公定回潮率；

C——换算常数。

对纯棉纱线来说，$W_{me}=9.89\%$，$W_{mk}=8.5\%$，英制支数与线密度的换算公式为：

$$N_e = \frac{590.5}{\text{Tt}} \times \frac{1 + 8.5\%}{1 + 9.89\%} = \frac{583}{\text{Tt}} \quad (2-3-9)$$

对于纯化纤纱线来说，$W_{me}=W_{mk}$，英制支数与线密度的换算公式为：

$$N_e = \frac{590.5}{\text{Tt}} \quad (2-3-10)$$

换算常数 C，随纱线的公定回潮率的不同而不同，见表 2-3-2。

表 2-3-2　换算常数 C

纱线种类	英制公定回潮率 W_{me}（%）	公制公定回潮率 W_{mk}（%）	换算常数 C
纯棉纱	9. 89	8. 50	583
纯化纤纱	公/英制回潮率相同	—	590. 5

续表

纱线种类	英制公定回潮率 W_{me}（%）	公制公定回潮率 W_{mk}（%）	换算常数 C
65/35 涤/棉	3.70	3.20	588
50/50 维/棉	7.45	6.80	587
50/50 腈/棉	5.95	5.25	587
50/50 丙/棉	4.95	4.30	587

二、纱线的直径计算

在织物、针织物设计与织物结构研究中，以及在纺织工艺参数如清纱板隔距的调节中，都必须考虑纱线的直径。纱线的直径常用显微镜、投影仪、光学自动测量仪等测量，测量时纱线的边界为不计毛羽时的纱线主体的边界。纱线的直径也可在假定纱线为一圆柱体条件下，依据纱线的线密度计算求得。计算公式如下：

$$\left.\begin{aligned} d &= 0.03568\sqrt{\frac{\mathrm{Tt}}{\delta}} \\ d &= \frac{1.1284}{\sqrt{N_m \cdot \delta}} \\ d &= 0.01189\sqrt{\frac{D}{\delta}} \end{aligned}\right\} \quad (2-3-11)$$

式中：d——纱线的直径，mm；

δ——纱线的体积密度，g/cm^3；

Tt，N_m，D——分别为纱线的线密度、公制支数和旦尼尔数。

几种纱线的体积密度参考值，见表 2-3-3。

表 2-3-3 部分纱线的体积密度

纱线种类	棉纱	亚麻纱	精梳毛纱	粗梳毛纱	绢纺纱	黏胶短纤维纱	涤/棉纱（65/35）	维/棉纱（50/50）
体积密度 δ（g/cm^3）	0.80~0.90	0.90~1.00	0.75~0.81	0.65~0.72	0.73~0.78	0.80~0.90	0.80~0.95	0.74~0.76

三、重量偏差

纺纱工厂生产任务中规定生产的最后成品纱线的线密度称为公称特数，一般应符合国家标准中规定的公称特数系列。纺纱工艺中，考虑了筒摇伸长、股线捻缩等因素后，为使纱线成品线密度符合公称特数而设计的细纱线密度，叫设计线密度。用抽样试验方法实际测得的成品纱线的线密度，称为实际线密度。

纱线的实际线密度和设计线密度的偏差百分率称为重量偏差或线密度偏差。实际测试时，以百米重量偏差来表示，计算公式如下：

$$百米重量偏差 = \frac{试样实际干重 - 试样设计干重}{试样设计干重} \times 100\% \qquad (2-3-12)$$

重量偏差将影响该纱线的品质评定等级。在纱线和化纤长丝的品质评定标准中，重量偏差都规定有一定的允许范围。如果抽样实验所测得的重量偏差没有超出允许范围，表明试样所代表的该批纱线的实际线密度与设计线密度没有显著差异。如果重量偏差超出允许范围，则说明该纱线的定量偏重（重量偏差为正值）或偏轻（重量偏差为负值）。

第四节　纱线的细度不匀

纱线的细度不匀是指纱线沿长度方向上的粗细不匀，常用纱线细度不匀率来表征。纱线的粗细不匀不仅会影响织物的外观质量，如出现条花状疵点，而且还会降低纱线的强度，造成织造过程中断头和停机。因此，纱线的细度不匀是评定纱线质量最重要的指标之一。

一、纱线细度不匀率的指标

1. 平均差系数

平均差系数是指各数据与平均数之差的绝对值的平均值对数据平均值的百分比。计算公式如下：

$$U = \frac{\frac{1}{n}\sum_{i=1}^{n}|x_i - \bar{x}|}{\bar{x}} \times 100\% \qquad (2-4-1)$$

式中：x_i ——第 i 个数据值；

$\bar{x}$ ——数据均值；

n——数据个数。

2. 变异系数

变异系数又称离散系数，是指各数据与平均值之差的平方的平均值之平方根（即均方差）对平均值的百分比。计算公式如下：

$$CV = \frac{\delta}{\bar{x}} \times 100\% \tag{2-4-2}$$

$$\delta = \sqrt{\sum_{i}^{n} (x - \bar{x})^2 / n} \tag{2-4-3}$$

式中：CV——变异系数；

δ——均方差。

当测试个数少于 50 时，均方差应按下式计算：

$$\delta = \sqrt{\sum_{i}^{n} (x - \bar{x})^2 / (n - 1)} \tag{2-4-4}$$

3. 极差系数

极差系数是指数据中最大值与最小值之差（即极差）对平均值的百分比。计算公式如下：

$$r = \frac{x_{max} - x_{min}}{\bar{x}} \times 100\% \tag{2-4-5}$$

式中：r——极差系数；

x_{max}——测试数据中的最大值；

x_{min}——测试数据中的最小值。

在上述三个指标中，变异系数被广泛用来表示纱条粗细不匀率。

二、纱线细度不匀率的测试方法

1. 目光检验法

又称黑板条干检验法。将纱线利用摇黑板机均匀地绕在一定规格的黑板上，然后将黑板在规定的光照和位置下与标准样品（照片或实物）进行目测对比评定，同时观察其阴影、粗细节及严重疵点等情况，以此判断纱线的条干级别。这种方法所检验的，实际上是纱线的表观直径或投影。该方法简便易行，直观性强，目测结果与织物疵点的规律较为接近，但评定结果受检验人员的主观因素的影响。

2. 切断称重法

又称测长称重法，是测定纱线粗细不匀的最基本的方法。切取若干个等长的纱线片段，分别称重，然后按规定计算平均差系数、重量变异系数或极差系数。纺织生产中，条子、粗纱和细纱普遍采用此方法来测定细度不匀，切取的片段长度棉条为5m，粗纱为10m，纱线为100m，精梳毛纱为50m，粗梳毛纱为20m，生丝为450m。测试的试样个数一般为30个。

切断称重法可以测量各种片段长度的重量不匀，片段可短到0.01m，也可长到几百米。但当切取的片段较短时，需切取的数量很多，这样的工作量是相当大，因此，短片段切取称重法仅用于准确度较高的研究工作或校正仪器时使用。

3. 电容式条干均匀度仪检测法

当前广泛使用的电容式条干均匀度仪有中国YG 135、YG 136系列和瑞士Uster-tester 4型为主的新一代条干均匀度测试仪。电容式条干均匀度仪器的主机上有几组平行金属极板组成的间距不同的电容器（测量槽），如图2-4-1所示。为使电容器极板间的纤维有合适的填充率，以保证电容传感器有良好的线性转换关系，进而减小测量结果偏差，应依据纱条的不同粗细来选用合适的测量槽。测试的基本原理是：当纱条进入平行极板组成的电容器时，电容器的电容量随纱条线密度的变化而变化，将电容量的变化转换成电量的变化，即可反映纱条线密度的变化。极板中含有纱条时的电容量增量的相对变化率的公式如下：

$$\frac{\Delta C}{C_0}=\frac{\varepsilon_f-1}{1+\varepsilon_f\left(\frac{1}{\eta}-1\right)} \tag{2-4-6}$$

式中：ΔC ——填充纱条后电容器电容量的增量；

C_0——无纱条时平行极板间的电容；

ε_f ——纤维材料的相对介电系数；

η ——纤维在平行极板间的填充率。

当η较小时（小于0.10），上式可近似表示为：

$$\frac{\Delta C}{C_0}\approx\frac{\varepsilon_f-1}{\varepsilon_f}\cdot\eta \tag{2-4-7}$$

即电容器电容量的相对变化量与 η 成正比，也即与测量槽内纤维的量成正比。因此，进入电容器的纱条粗细变化时，纤维的填充率 η 变化，检测到的电容量也变化。

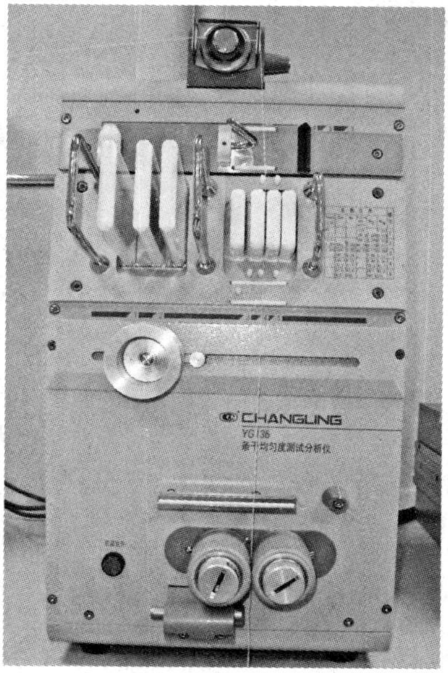

从公式 2-4-7 还可以看出，电容器电容量的变化还与纤维的相对介电系数 ε_f 有关，而 ε_f 受纤维回潮率的影响较大，因此，测试前对样品进行调湿平衡处理，并保持周围环境相对湿度的稳定对减小测试误差来说是非常重要的。

图 2-4-1　电容式条干均匀度仪

电容式条干均匀度仪（图 2-4-1）可绘出纱条不匀率曲线，可将粗节、细节、棉结等疵点数分类统计出来，可给出平均差系数 U 或变异系数 CV 的数值，可作出纱条不匀曲线所分解成的正弦波的波长和振幅的关系曲线（即波谱图），及其他关于纱条不匀的信息。纱条不匀曲线和相应的波谱图如图 2-4-2 所示。

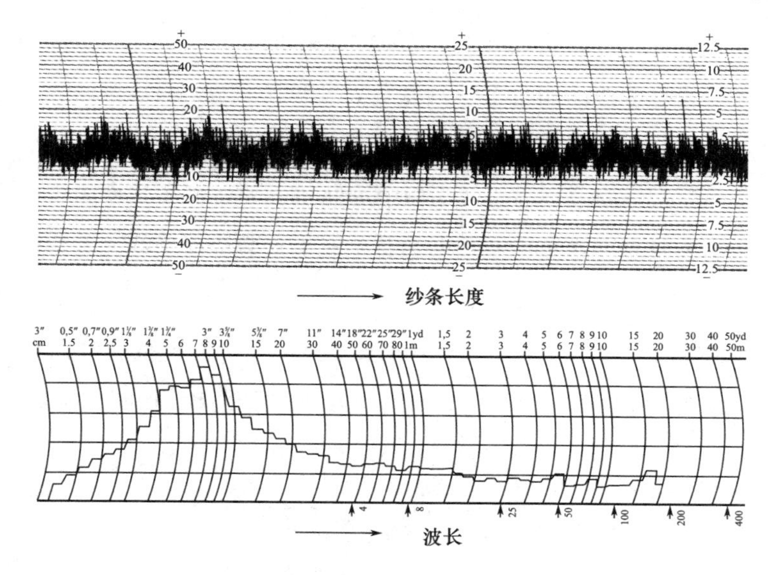

图 2-4-2　纱条不匀曲线和波谱图

前述纱条不匀的测试方法有目光检测法、切断称重法和乌斯特条干均匀度仪检测法，第一种反映的是纱的表观直径不匀，后两种测试方法反映的是重量不匀，它们都没有考虑纱条的密实程度。当纱条粗细变化较大时，因粗处抗扭刚度大，捻度倾向于分布在细的地方，所以细处纱条更紧密，直径更小，黑板条干会变差，但不影响乌斯特条干均匀度。因此，所用测量方法的测量原理不同，测试的同一种纱的均匀度可能不同，这是测量工作者和研究人员应该注意的地方。

三、纱条细度不匀分析及波长谱图

1. 纱条不匀的构成

（1）随机不匀。纱条中纤维根数及分布不匀，称随机不匀。因纤维本身性质的差异，如长度、细度、抗弯性能不同，纤维成纱时在纱中的排列状态也会不同，因此，必然引起纱条的随机不匀。

（2）加工不匀。纺纱加工过程中因工艺或机械因素造成的不匀，一般称加工不匀或附加不匀。因纺纱机的牵伸机件或传动机件缺陷，如罗拉或皮辊偏心，会导致纱条周期性的不匀，称为机械波不匀；因牵伸隔距不当，导致浮游纤维变速失控，导致纱条产生非周期性不匀，称为牵伸波不匀。

（3）偶发性不匀。车间环境不良或挡车工操作不当，如吸附飞花、接头不良以及突发性机械故障等造成的粗细节、纱疵等，统称为偶发性不匀，其大多为纱疵。

2. 波长谱图

即波谱图，是一种以振幅对波长作图得到的曲线。将纱条不匀率曲线用傅立叶分析法分解成很多波长、振幅不同的正弦曲线，以波长的对数为横坐标，各波长的振幅为纵坐标，可得波谱图，如图 2-4-2 所示。利用波长谱图可分析纱条不匀产生的原因。

假设纤维是等长、等粗细的，且沿纱条长度方向完全伸直且随机分布，则纱条断面内的纤维根数分布服从泊松分布，其波谱图为理想波谱图，振幅与波长的关系为：

$$S(\log\lambda)=\frac{1}{\sqrt{\pi n}}\frac{\sin\dfrac{\pi}{\lambda}}{\sqrt{\dfrac{\pi L}{\lambda}}} \tag{2-4-8}$$

式中：S（$\log\lambda$）——波长 λ 振幅，即波谱图的纵坐标；

λ ——波长；

N——纱条断面内纤维的平均根数；

L——纤维长度。

理论波谱图，如图 2-4-3（a）所示，为一光滑曲线，曲线的峰值一般在纤维长度的 2.5~3 倍。纱条的实际波谱图和理论波谱图相差很大，将两种波谱图进行比较可找出纱条不匀的原因。

正常状态下的细纱的实际波谱图如图 2-4-3（b）所示，它的纵坐标比理想波谱图的纵坐标在整个波长范围内增大。这是因为在实际纺纱过程中，纤维不可能完全被分离成单纤维并在纱中伸直平行排列，纱条中的纤维有纠缠、集结现象；各道工序机械状态都基本正常但仍不能达到理想状态。

牵伸波不匀的波谱曲线如图 2-4-3（c）所示，与理想波谱图相比，牵伸波在波长图上的某一波长范围内表现为“山峰”状。这是因为牵伸区隔距太大或中后部的摩擦力界设置不合理，导致浮游纤维的变速点没有遵循集中、前移的原则，引起严重的周期性不匀。根据“山峰”所对应的波长范围，可以找到存在问题的牵伸工序，从而进行工艺调整。

机械波不匀的波谱图如图 2-4-3（d）所示，与理想波谱图相比，机械波不匀曲线在相应的波长处出现“烟囱”状凸起。这是由于机械上的缺陷或故障（如罗拉或皮辊偏心、齿轮缺齿、转杯内有脏物、针布缺损等）造成的周期性不匀。根据“烟囱”所对应的波长，可找出机械故障存在的位置，从而进行机械调整。

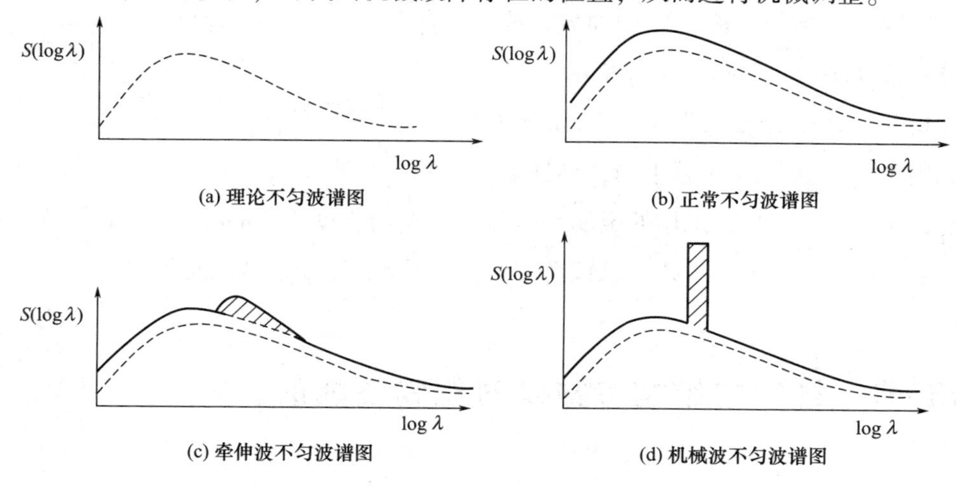

图 2-4-3　纱条细度不匀的波谱分析

四、纱线细度不匀与片段长度的关系

纱线的细度不匀与切取的片段长度密切相关，所以不同片段长度间的不匀率是没有可比性的。依据纱线片段长度不同，细度不匀率可分为外不匀率、内不匀率和总不匀率。外不匀率即片段间的不匀率，是指将纱线分成若干个等长的片段，分别称重后求得的不匀率。内不匀率即片段内的不匀率，是指将上述任一片段纱再分成若干个等长的小片段，分别称重后求得的不匀率。总不匀率是指将全部纱线分成若干个极小的片段，分别称重后求得的不匀率。当不匀率用变异系数表示时，根据变异（变异系数的平方）相加定理，可得：

$$CV^2 = CV_B(l)^2 + CV_I(l)^2 \quad (2-4-9)$$

式中：CV——总不匀；

CV_B（l）——外不匀；

CV_I（l）——内不匀。

理论上，纱线总不匀是不随片段长度的变化而变化的，为一定值。外不匀随片段长度的增大而减小，并趋近于零；内不匀随片段长度的增大而增大，并趋近于总不匀。这可表示为：$CV^2 = CV_B(l)^2 + CV_I(l)^2 = CV_B(0)^2 = CV_I(\infty)^2$。

纱线的变异与片段长间的曲线，称变异—长度曲线，如图2-4-4所示。

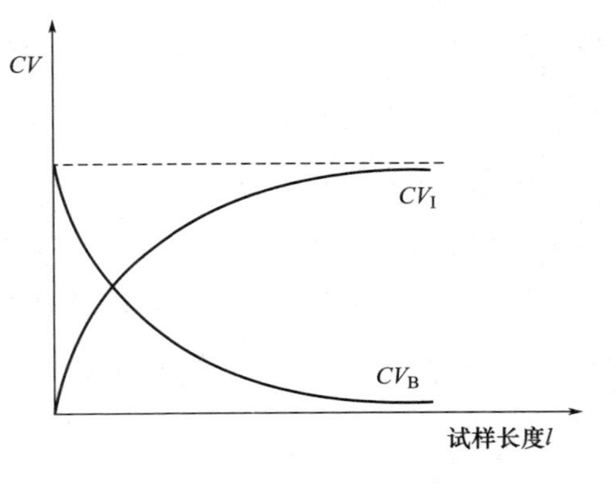

图2-4-4　变异—长度曲线

切断称重法，若切取的片段长度 l 较大则不能反映纱线的总不匀；乌斯特电容式条干均匀度仪，采用的金属平行板电容器的长度为8mm时，测试的是8mm片段间的不匀，而所测纱条的总长度又较长，因此接近于纱线的总不匀。

第五节　纱线的结构参数及对织物性能的影响

由于纤维种类的多样性以及成纱方式的多样性，导致了纱线结构的复杂性。纱

线的结构参数主要包括纱线的细度、细度不匀、捻度、纤维在纱中的排列形态、毛羽等，其直接影响着纱线的外观特征和内在质量。在上述结构参数中，纱线的细度和细度不匀已经在上一节进行了详细介绍，本节主要就纱线的捻度、纤维在纱中的排列形态和纱线的毛羽等进行介绍。

一、纱线的捻度

加捻是使纱条绕其自身的轴线回转，导致纱条的各截面间产生了角错位。对短纤维纱来说，加捻是成纱的必要手段。纱线加捻后，纤维对纱轴产生向心压力，从而使纤维间获得了一定的摩擦力，当纱条受拉伸外力时，纤维不易滑脱松散，纱线具有一定的强力。对于长丝纱和股线来说，加捻可以形成一个不易被横向外力所破坏的紧密结构。加捻的多少和捻向直接影响着纱线和织物的外观以及力学性质。

（一）加捻的特征指标

纱线加捻的特征指标有表示加捻方向的捻向，表示加捻程度大小的捻度、捻回角、捻系数和捻幅。

1. 捻向

捻向即纱线加捻的方向，分为Z捻和S捻，如图2-5-1所示。捻向是根据加捻后纤维在单纱中，或单纱在股线中的倾斜方向而定的。纤维（单纱）倾斜方向由下而上自右向左的为S捻，即与英文大写字母“S”的中间部分的倾斜方向一致。纤维（单纱）倾斜方向由下而上自左向右的为Z捻，即与英文大写字母“Z”的中间部分的倾斜方向一致。单纱多采用Z捻。Z捻单纱合成股线时多采用S捻，以使股线柔软、结构稳定。

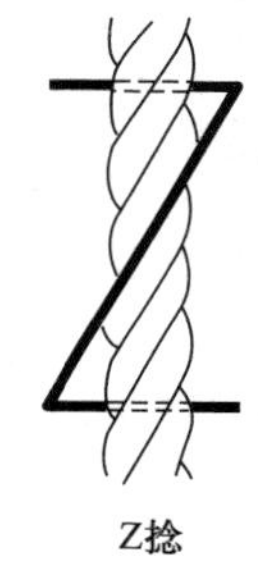

图2-5-1　捻向示意图

股线捻向的表示方法是，第一个字母表示单纱的捻向，第二个字母表示股线的捻向；对于复捻股线，第三个字母表示复捻捻向。例如ZSZ，表示单纱为Z捻，初捻为S捻，复捻为Z捻。

Z捻也称反手捻或左手捻，在纺该捻向纱时，细纱挡车工是左手拔、插纱管，右手接头，故通常称正手纱。S捻也称顺手捻或右手捻，在纺该捻向纱时，细纱挡车工是右手拔、插纱管，左手接头，故通常称反手纱。对于纱线的捻向，为避免混淆，以 Z 捻和 S 捻为准。

2. 捻度

纱条绕自身轴线回转一周，就获得一个捻回。纱线单位长度内的捻回数称为捻度。当采用特克斯表示时，捻度（T_t）用“捻回数/10cm”表示；当采用公制支数表示时，捻度（T_m）用“捻回数/m”表示；当采用英制支数表示时，捻度（T_e）用“捻回数/英寸”表示。换算关系为：

$$T_t = 3.973 \times T_e = 0.1 \times T_m \quad (2-5-1)$$

3. 捻回角

对于粗细相同的纱线，捻度可以度量纱线的加捻程度，但给粗细不同纱线加同样捻度时，纱线越粗，纱中纤维倾斜程度较大，即加捻程度较大，如图 2-5-2 所示。因此，加捻后表层纤维与纱条轴线的夹角，即捻回角的大小才能真正反映纱线加捻的程度。

捻回角的测量可在显微镜下借助微测角器来测量，因其测量不便，在实际生产中一般不予采用，而是采用下面讲述的捻系数指标来表征加捻程度的大小。

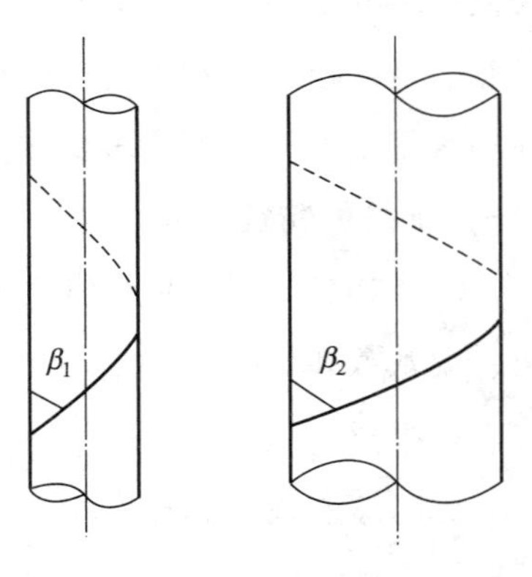

图 2-5-2　捻回角

4. 捻系数

实际生产中常用捻系数来度量纱线的加捻程度，其和捻回角具有同等物理意义。

将纱条表层纤维的一个螺旋线捻回展开，如图 2-5-3 所示。

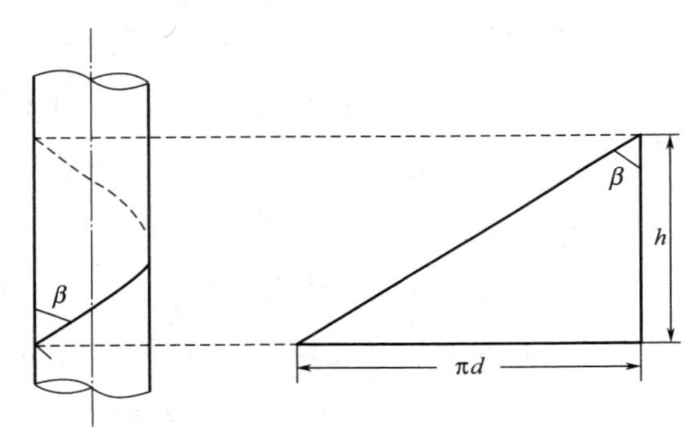

图 2-5-3　表层纤维螺旋线展开图

由展开图可知，

$$\tan\beta = \frac{\pi d}{h} \tag{2-5-2}$$

式中：d——纱的直径，mm；

h——螺距或捻距，mm。

又因为，

$$h = \frac{100}{T_t},\ d = 0.03568\sqrt{\frac{\mathrm{Tt}}{\delta}} \tag{2-5-3}$$

式中：T_t——线密度制捻度，捻/10cm；

Tt——纱线的线密度，tex；

δ——纱的密度，g/cm^3。

故，

$$\tan\beta = \frac{T_t}{892}\cdot\sqrt{\frac{\mathrm{Tt}}{\delta}}，即\ 892\times\tan\beta\cdot\sqrt{\delta} = T_t\cdot\sqrt{\mathrm{Tt}} \tag{2-5-4}$$

令，

$$\alpha_t = 892\times\tan\beta\cdot\sqrt{\delta}$$

则有：

$$\alpha_t = T_t\cdot\sqrt{\mathrm{Tt}} \tag{2-5-5}$$

式中：α_t——线密度制捻系数。

上式说明，当纱线的密度δ相同时，捻系数与捻回角的正切值$\tan\beta$成正比，而与纱线的粗细无关，因此，捻系数可用来比较体积密度相同、不同粗细的纱线的加捻程度。

对于公制捻系数α_m和英制捻系数α_e，有如下计算公式：

$$\alpha_m = \frac{T_m}{\sqrt{N_m}} \tag{2-5-6}$$

$$\alpha_e = \frac{T_e}{\sqrt{N_e}} \tag{2-5-7}$$

三个捻系数间的换算关系式为：

$$\left.\begin{aligned}\alpha_t &= 95.67 \times \sqrt{\frac{1+W_{mk}}{1+W_{ek}}} \times \alpha_e \\ \alpha_t &= 3.16\alpha_m \\ \alpha_m &= 30.25 \times \sqrt{\frac{1+W_{mk}}{1+W_{ek}}} \times \alpha_e\end{aligned}\right\} \tag{2-5-8}$$

式中：W_{mk}——纱线的公制公定回潮率；

W_{ek}——纱线的英制公定回潮率。

对于纯棉纱来说，

$$\left.\begin{aligned}\alpha_t &= 95.07\alpha_e \\ \alpha_t &= 3.16\alpha_m \\ \alpha_m &= 30.06\alpha_e\end{aligned}\right\} \tag{2-5-9}$$

对于65/35涤/棉纱来说，

$$\left.\begin{aligned}\alpha_t &= 95.43\alpha_e \\ \alpha_t &= 3.16\alpha_m \\ \alpha_m &= 30.17\alpha_e\end{aligned}\right\} \tag{2-5-10}$$

纱线捻系数的大小主要根据纤维原料的性质和纱线的用途来选择。用较细长的纤维纺纱时，捻系数可适当小些；用较粗短的纤维纺纱时，捻系数应适当高些。机织用纱的经纱需要有较高的强度，捻系数应大些。纬纱和一般针织用纱要求柔软，捻系数应适当小一些。起绒织物用纱，捻系数应当小些，以利于起绒。凉爽的机织物和针织外衣用织物要求具有滑、挺、爽的特点和防止起毛起球，纱线的捻系数应当选的大些。另外，纱的细度不同时，捻系数也应有所不同，如细特纱的捻系数应当大一些，以增加纱线强力。

5. 捻幅

单位长度的纱线加捻时，纱线横截面上任意一点在该截面上相对转动的弧长，称为捻幅。如图2-5-4（a）所示，原来平行于纱轴的纤维AB因加捻而倾斜成A_1B，纤维A_1B与纱轴（或AB）所成的捻回角为β，若截取的纱段L为单位长度，则$\overline{AA_1}$即为A点在截面上的捻幅，以P_A表示，则：

$$P_A = \frac{\overline{AA_1}}{h} = \tan\beta \quad (2-5-11)$$

可见，捻幅就是捻回角的正切，因捻回角可以表示纱线的加捻程度，故捻幅也可以表示纱线的加捻程度，并且可以表示纱线横截面内任一点的加捻程度。同一纱线的横截面，距离纱心的位置不同，捻幅亦不同，可用式 2-5-12 表示，相应矢量图如图 2-5-4（b）所示。

$$P_r = \frac{r}{R} P_A \quad (2-5-12)$$

式中：P_r——距纱心为 r 处的捻幅；

r——截面上任一点到纱心的距离；

R——纱的半径；

P_A——最外层的捻幅。

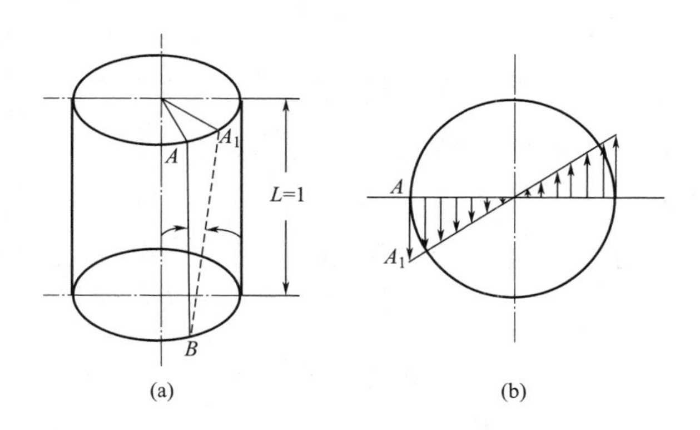

图 2-5-4 捻幅

（二）捻度的测量

目前常用的捻度测试方法有直接计数法和退捻加捻法。

1. 直接计数法

又称解捻法，是指将试样在一定的预加张力下固定在距离一定的两个夹头中，其中一个夹头为回转夹头，使回转夹头按解捻方向转动直至试样完全解捻为止。对于股线的测试，随着回转夹头按解捻方向的慢速回转，用挑针自固定夹头向回转夹头挑开试样，直到股线中的单纱完全分离，此时股线完全解捻。根据读数盘上的回转数和夹头的距离可计算试样的捻度。对于短纤维纱，因纤维在纱中的内外转移和相互纠缠，退捻作用往往不能将纱中的纤维完全伸直平行，不宜采用此测试方法。

2. 退捻加捻法

又称张力法，是指将一定长度的试样在一定张力下固定在距离一定的两个夹头中，使回转夹头按解捻方向连续转动，纱线先行退捻到一定程度后，自然会被反向加捻，当纱线长度恢复到原长度时，回转夹头停止转动。在此过程中，因退捻时纱线的伸长与反向加捻时纱线的缩短相等，退捻数与反向加捻数相同。根据捻度测定仪读数盘上的夹头回转数和试样的长度可计算试样的捻度。计算公式如下：

$$T_t = \frac{n}{2 \times L} \times 10 = \frac{n}{5} \tag{2-5-13}$$

式中：T_t——线密度制捻度，捻/10cm；

n——回转夹头的回转数；

L——试样长度，cm，通常取25cm。

（三）纱线的捻缩

纱线加捻后，纤维发生倾斜，使纤维沿纱轴向的有效长度变短，引起纱的长度缩短。这种因纱线加捻而引起的长度缩短称为捻缩。捻缩直接影响到纺成纱的实际线密度和实际捻度，在纺纱和捻线工艺设计中，必须加以考虑。捻缩的大小通常用捻缩率来表示，即加捻前后纱条的长度之差与加捻前原长的比值，用百分数表示。计算公式如下：

$$\mu = \frac{L_0 - L_1}{L_0} \times 100\% \tag{2-5-14}$$

式中：μ——捻缩率；

L_0——纱条原长；

L_1——加捻后纱条的长度。

捻缩率μ为正值表示加捻后纱条长度缩短，为负值表示加捻后纱条长度伸长。单纱的捻缩率随捻系数的增加而变大。

股线的捻缩与单纱、股线的捻向配合有关。当股线捻向和单纱捻向相同时，捻缩率为正值，且捻缩率随捻系数的增大而变大。当股线捻向和单纱捻向相反时，在开始加捻的一段范围内，因单纱解捻而产生的伸长大于股线因加捻而产生的捻缩，综合结果使股线有所伸长，捻缩率为负值；但加捻到一定程度后，股线缩短，捻缩率变为正值，且随着捻系数的增加而变大。股线捻缩率与捻系数的关系如图2-5-5所示。

（四）加捻对纱线性质及织物性能的影响

1. 加捻对纱线性质的影响

（1）加捻对纱线强度的影响。对于短纤维纱来说，在外力的拉伸作用下，发生断裂有两种情况，一是由于纤维本身断裂而导致纱线断裂，二是由于纤维的滑脱导致纱线断裂。这两者都与纱线的加捻程度有关。当捻系数增加时，有些因素有利于纱线强度的增加，而另一些因素反而使纱线强度降低。

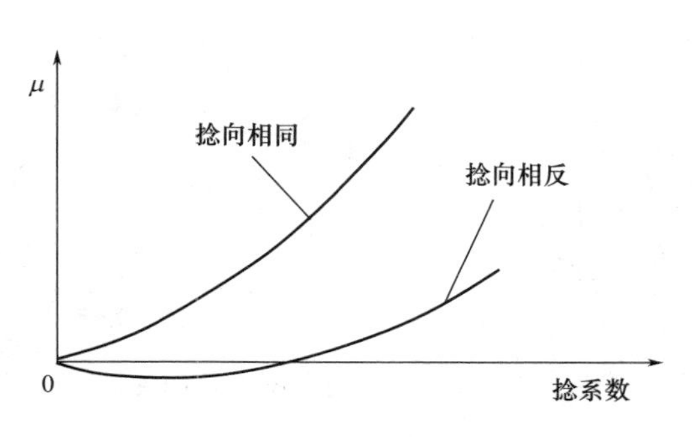

图 2-5-5　股线捻缩率与捻系数的关系

捻系数增大可提高纱线强度的原因：随捻系数增加，纤维对纱轴的向心压力增大，纤维间的摩擦力也增大，纱线受拉伸时纤维不容易滑脱；同时，由于纱线上细段的抗扭刚度小，捻度在细段分布较多，增加了该处纤维的抱合性，使细段的强度得到一定的改善，从而纱线的弱环得以改善。捻系数增大可降低纱线强度的原因：随捻系数增加，纱中纤维的伸长和张力增加，纤维的预应力增加，削弱了以后承受拉伸的能力；同时，使纱中纤维的捻回角增加，使纤维强度在纱轴向的分力降低。为此，捻系数的增加对纱线强度的影响是上述两方面综合作用的结果。一般来说，在捻系数较小的条件下，两方面的综合作用结果表现为纱线的强度随着捻系数的增加而增大，但当捻系数达到某一数值后，捻系数的增加使纱线的强度降低，如图 2-5-6 所示。使纱线的强度达到最大值时的捻系数叫临界捻系数 α_k，相应的捻度叫临界捻度。生产中采用的细纱的捻系数一般小于临界捻系数，以在保证强度的前提下提高细纱的产量。

化纤长丝加捻是为了使各单丝抱合紧密，使长丝结构的整体性得到加强，即断裂的同时性得到改善。当捻系数较小时，长丝的强度随捻系数的增加而增加，但很快长丝的强度随捻系数的增加而下降，这是因为捻系数增大到一定值后，预应力显著增加，同时断裂同时性降低。故长丝纱的临界捻系数远小于短纤纱的临界捻系数，如图 2-5-6 所示。

（2）加捻对纱线断裂伸长的影响。捻系数的增加对纱线断裂伸长的影响也有相

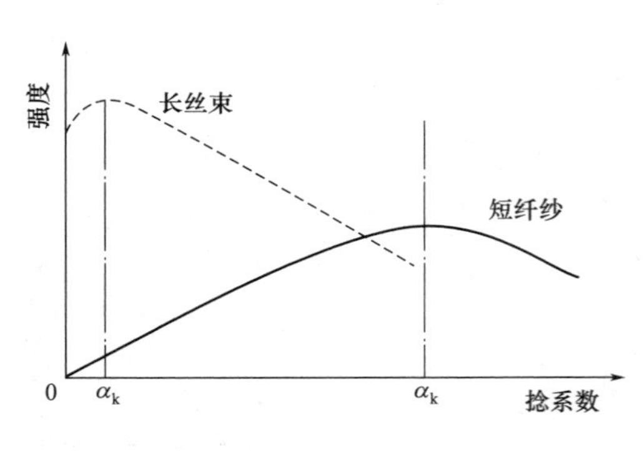

图 2-5-6　纱线强度与捻系数的关系

反的两个方面影响。一方面“断裂伸长随捻系数的增加而降低”：纱中纤维的伸长变形增加，削弱了以后拉伸时变形的能力；同时捻系数的增加使纤维在纱中不易移动，即减少了拉伸过程中的滑移量。另一方面“断裂伸长随捻系数的增加而增加”：随着捻系数的增加纤维倾斜角增加，拉伸时纤维倾斜角减小，有利于纱线伸长。总得说来，在常用的捻度范围内，随捻系数的增加纱线的断裂伸长有所增加。

（3）加捻对纱线密度和直径的影响。在一定范围内，随着捻系数的增加，纱内纤维密集，纤维间空隙减小，纱的密度增加、直径减小。而当捻系数增加到一定程度后，尽管因纱的可压缩性减小，纱的密度和直径的变化很小，但因纤维过于倾斜，纱的直径可能会有所增加。

股线的密度和直径与捻向的配合有关。当股线与单纱捻向相同时，股线捻系数对密度和直径的影响与单纱相似。当股线、单纱捻向相反时，在股线加捻的初始阶段，由于单纱的解捻作用，使股线的密度减小、直径增大，但很快随着捻度的加大，股线的密度又逐渐增加、直径减小。

2. 加捻对织物性能的影响

（1）捻向对织物性能的影响。利用经、纬纱的捻向和织物组织相配合，可织成不同外观、风格和手感的织物。如在平纹组织织物中，采用经纬纱捻向不同的配置，可使织物表面的纤维同一方向倾斜，织物表面反光一致，光泽较好，经纬纱交叠处纤维互不相嵌，织物松厚柔软。斜纹组织织物如华达呢，若经纱采用 S 捻，纬纱采用 Z 捻，则经纬纱的捻向与斜纹方向垂直，因而纹路清晰。如果若干根 S 捻、Z 捻纱线相间排列时，织物表面可产生隐条、隐格效应。当 S 捻和 Z 捻纱线捻合在一起，或捻度大小不等的纱线捻合在一起织成织物时，表面会呈现波纹效应。经纬纱捻向的配置如图 2-5-7 所示。

（2）捻度对织物性能的影响。捻度大的纱线，织制成的织物手感较捻度小的纱硬挺，同时因捻度大的纱结构紧密，纤维之间不能保持较多的静止空气，而不利于

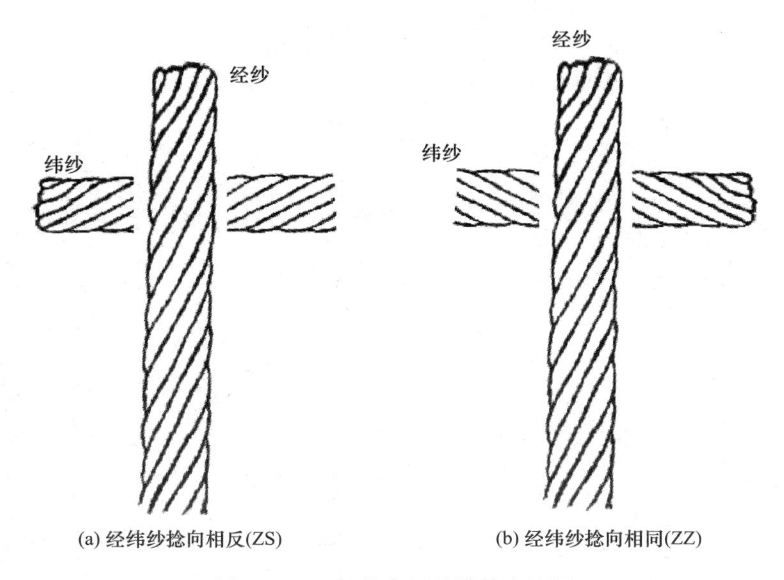

(a) 经纬纱捻向相反(ZS)　　(b) 经纬纱捻向相同(ZZ)

图 2-5-7　织物中经纬纱捻向配置

增加织物的保暖性。捻度大的纱织制的织物的防污性能比捻度小的纱好；捻度大的纱织制的织物在洗涤过程中不容易受机械的作用而产生较大的收缩。但当纱线的捻度太大时，因纤维的内应力大，使纱的强力减弱而影响织物的强力；当纱线的捻度太低时，纤维容易从纱中抽出，使织物易起毛起球而影响织物的耐用性。

二、纤维在纱中的排列形态及混纺纱中纤维的径向分布

（一）纤维在纱中的几何形状

1. 环锭纱中纤维的排列形态

在环锭纺纱机上，须条的加捻作用是在前罗拉和钢丝圈之间完成的。前罗拉输出的扁平状态的须条因钢丝圈回转产生的加捻作用而逐渐变成圆柱状。须条由于加捻作用，宽度逐渐收缩所形成的三角形过渡区称为加捻三角区，如图 2-5-8 所示。

处在加捻三角区中的纤维，因受加捻和纺纱张力的作用，发生了伸长变形，从而对纱轴产生了向心压力。纤维在三角区中的位置不同，产生的向心压力不同。三角区边缘的纤维向心压力最大，将克服周围纤维的阻力而向纱的中间转移，纤维由张紧状态变为松弛状态；处在纱轴附近的较松弛的纤维则被挤出来，纤维由松弛状态变为张紧状态。一根纤维在加捻三角区中可以发生多次内外转移，从而形成了复

杂的圆锥形螺旋线，如图 2-5-9 所示。

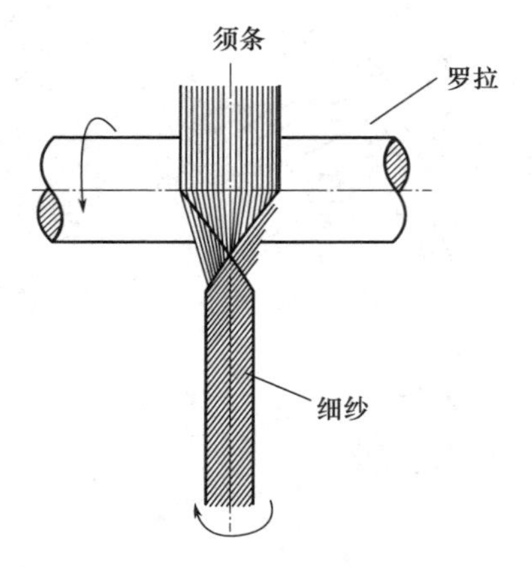

图 2-5-8　加捻三角区

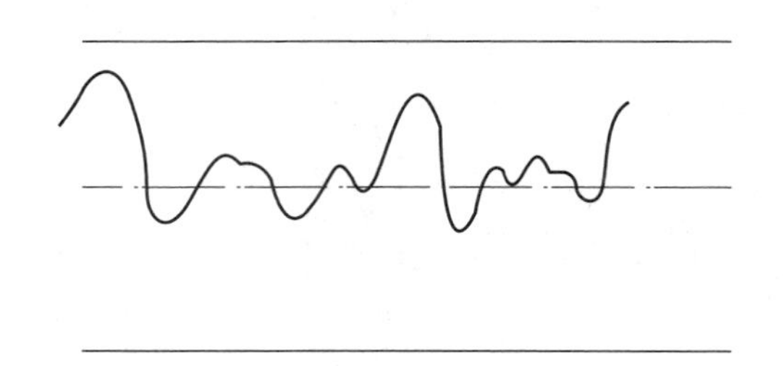

图 2-5-9　环锭纺纱中纤维的几何形状

2. 纱中纤维排列形态的测试方法

研究纱中纤维排列形态的方法，有浸液投影法、切片法等。

(1) 浸液投影法。将染色纤维（示踪纤维）以 0.5%左右的比例混入未染色的纤维中共同纺纱，然后将纺得的纱样浸入折射率与纤维折射率相同的液体中，当光线透过纱条时，不发生折射现象，纱条变得透明，则示踪纤维的排列形态可在投影屏上显示出来，如图 2-5-10 所示。

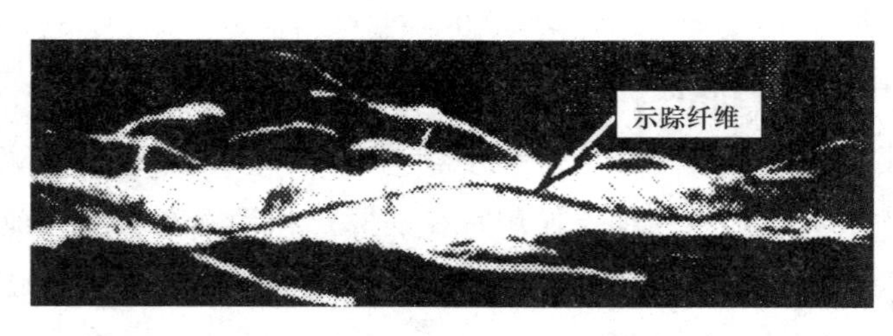

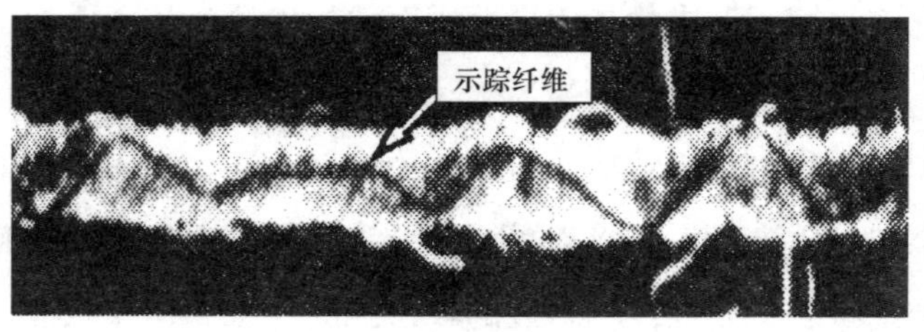

图 2-5-10　示踪纤维的几何形态

（2）切片法。对混入示踪纤维的纱线以间隔 0.2mm 的距离进行横截面切片，依次观察切片中的示踪纤维的迹点，即可得到纤维在纱线中的排列形态。

（二）混纺纱中纤维的径向分布

在混纺纱中，特别是合成纤维和天然纤维混纺，可使不同纤维的性质取长补短，提高产品的性能。混纺产品的性质不仅取决于混纺比，还会受到纤维在纱中径向分布的影响，如在混纺纱的截面上各组分纤维是均匀分布还是皮芯分布。对于织物的手感、外观、风格和耐用性来说，如果较多细而柔软的纤维分布于纱的表层，则织物手感必然柔软细腻；如果较多粗而刚性大的纤维分布在纱的表层，则织物手感粗糙刚硬；如果较多的强度高、耐磨性好的纤维分布在纱的表层，则织物必耐穿耐用。

前已述及，在纺纱过程中，加捻三角区中的纤维因受力不匀发生内外转移时，须克服周围纤维的阻力，而周围纤维阻力的大小，与纤维的性质有关。

1. 纤维性质对径向分布的影响

（1）纤维长度。长纤维易于向内转移，短纤维易于向外转移而分布在纱的外层。这是因为长纤维容易被前罗拉钳口和加捻三角区下端成纱处同时握持，向心压力大，所以比短纤维易向内转移。

（2）纤维粗细。细的纤维易于向内转移，粗的纤维倾向于分布在纱的外层。这是因为，细的纤维抗弯刚度小，阻力小，易于挤入纱芯，而粗的纤维相对来说不易进入纱内层。

（3）截面形态。圆形截面的比异形截面的容易挤入纱的内层。

（4）初始模量。初始模量大的比初始模量小的纤维易于分布在纱的内层。

（5）摩擦系数。摩擦系数大的纤维易于分布在纱的外层。

影响纤维在纱径向的内外转移的因素除上面列举的因素外，还有纤维其他的性质方面。另外纺纱工艺、纱线的捻度、混纺比等对纤维的内外转移也有一定的影响。

2. 纤维转移指数

混纺纱横断面内纤维的分布规律，可以用汉密尔顿（Hamilton）提出的纤维转移指数 M 来说明。纤维转移指数 M 的计算，可通过纱线横截面“半径五等分法”进行计算，有关的计算方法可参阅有关文献。图 2-5-11 为涤/棉混纺纱横截面半径五等分图。

关于纤维转移指数 M 的说明如下。

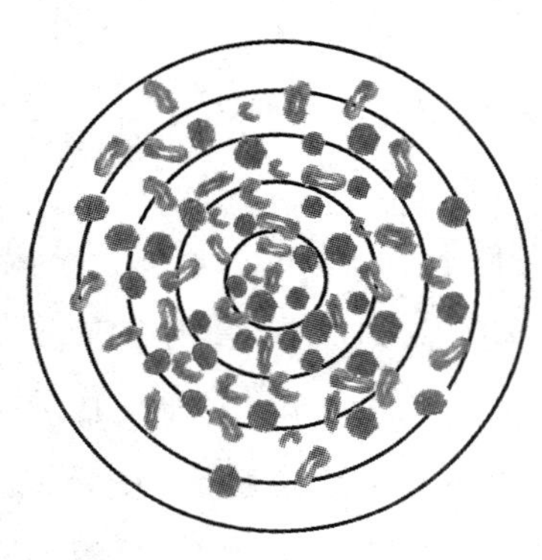

图 2-5-11　涤/棉混纺纱横截面半径五等分图

（1）纤维转移指数 M 的范围：$-100\% \leq M \leq 100\%$。

（2）$M=100\%$，表示该种纤维集中分布在纱的外层；$M=-100\%$，表示该种纤维集中分布在纱的内层。

（3）$M>0$，表示该种纤维向纱的外层转移；$M<0$，表示该种纤维向纱的内层转移。M 的绝对值越大，纤维向外或向内转移的程度越大。

（4）$M=0$，表示两种纤维在纱的横截面内均匀分布。

在生产实际中，自觉地运用纤维径向分布的规律，有助于提高织物的服用性能。例如，在羊毛/黏胶纤维混纺时，为提高织物的毛型感而应使较多的毛纤维分布在纱的外层，可选用较毛纤维细长的黏胶纤维进行混纺；涤纶/腈纶混纺时，为提高织物的耐磨性，在两种纤维长度相同的情况下，应选用较粗的涤纶纤维，以使涤纶较多地分布在纱的外层。

三、纱线的毛羽

纱线的毛羽是指伸出纱线主体表面的纤维端或圈。纱线毛羽的伸出长度是指纤维端或圈凸出纱线基本表面的长度。毛羽的性状是纱线的基本结构特征之一。纱线毛羽的长短、数量及其分布对织物的内在质量、外观质量、手感和使用有密切关系，也是机织特别是无梭织、针织生产中影响质量和生产率的主要因素。所以纱线毛羽指标是评定纱线质量的一个重要指标，也是反映纺织工艺、纱线加工部件好坏的重要依据。

毛羽的产生在纺纱过程中是不可避免的，与使用的原料有关，也与纺织机械的状况和部件有关。毛羽的形成主要是由于加捻三角区中的一些纤维头端或弯钩纤维圈被挤出纱轴后，因没有张力及向心压力作用，不再压向内部，而留在纱的表面形成了毛羽。另外，飞花落到条子上及纱与机械的摩擦也能形成毛羽。

1. 毛羽的基本形态

（1）端毛羽。指纤维端部伸出纱主体，而其余部分位于纱主体内的毛羽。环锭纺纱时，纱线毛羽的 82%～87%是端毛羽。

（2）圈毛羽。指纤维的两端位于纱体内，而中间部分露出纱体表面所形成圈状或环状的毛羽。

（3）浮游毛羽。指黏附或缠绕在纱体表面，极易分离掉落的毛羽。

2. 毛羽的特征指标

（1）毛羽数指数。指在单位长度纱线内，单侧面上伸出长度超过某设定长度的毛羽累计数，单位为“根/m”。

（2）毛羽平均长度。指以毛羽根数为权的加权平均投影长度，单位为“mm”。

（3）毛羽值。1cm 长纱线内所有毛羽的总长度，是无量纲的值。

3. 毛羽的测试方法

（1）烧毛称重法。采用烧毛方法去除毛羽，根据烧毛前后纱线重量的变化来评定纱线毛羽的数量。该方法比较简单，但只能求得毛羽总重量而无法获得毛羽的长度和根数。另外，对于含有涤纶、锦纶等合成纤维的纱线来说，烧毛会造成纤维熔融黏结，烧毛前后纱线的重量变化较小，因此，不能反映纱线毛羽的真实数量。

（2）人工投影计数法。把纱线在投影屏幕放大后，人工计数毛羽的数量，以单位长度的纱上毛羽的根数来表示。这种方法简单易行，但效率较低。

（3）光电投影计数法。纱线以恒定的速度通过检测点，突出纱线且超过设定检测长度的毛羽扫过光敏元件，引起光敏元件光通量变化，使之转变为电信号，形成计数脉冲。在设定的纱线片段长度内所有计数脉冲的总和为设定的毛羽长度的毛羽指数。

（4）静电法。使纱线通过高压静电场的管道，纱上的毛羽因被极化而竖起，因此和管道内壁接触而带有静电，然后带静电荷的纱线通过和电容器相连的另一管道，毛羽上的电荷即被检测出来，此电荷的多少即表示毛羽的多少。

（5）全毛羽光电测试法。由一束均匀平行光线构成测量区域，当纱线通过测量区域时，纱线突出的毛羽造成照射管线的漫反射，光敏传感器只接收到这些散射光，而直射光线被一块挡板遮住，不能到达光敏传感器，这些接收到的散射光量即可作为纱线毛羽的间接测量值。

4. 毛羽对纱线或织物性能的影响

纱线毛羽影响织物的加工性能。如在织造过程中，毛羽会导致相邻经纱容易纠缠，使经纱开口不清，造成假吊经等疵点；烧毛时会增加烧毛率并影响烧毛效果。

纱线毛羽还会影响织物的外观和服用性能。织物厚度随毛羽的增加而增加；毛羽多的纱织制的织物织纹不清，织物手感黏涩，不爽滑；毛羽的存在还会影响织物的印花效果。纱线毛羽既影响织物特性，如透气性、起球倾向、吸水性等，又影响织物的一些主要性能，如表面光滑度、手感和摩擦等。但纱线的毛羽对织物也有积极的一面，如毛羽多的纱线织制的织物柔软、保暖。

第六节　纱线的品质评定

为了获知最终产品的质量是否满足要求，必须对反映纱线的物理性能、外观疵点和均匀性等品质指标进行评定。但是，不同种类、不同用途的纱线所考核的内在质量和外观质量的具体项目有所不同。国家主管部门特批准和颁布了各种纱线的品质标准，作为企业内部和企业之间考核纱线品质和交付验收的依据。现主要介绍大宗类产品的一般评定方法及技术要求。纱线品质标准的内容一般包括产品品种规格、技术要求、试验方法、包装和标志以及验收规定等。

一、棉纱线的品质评定

（1）棉纱线的品等分为优等、一等、二等，低于二等指标者作为三等。

（2）棉纱分等的质量指标包括五项，即单纱断裂强力变异系数 *CV*（%）、百米重量变异系数 *CV*（%）、条干均匀度、1g 内棉结粒数、1g 内棉结杂质总粒数，当上述各项的品等不同时，按其中最低的一项定等。棉线分等的质量指标包括四项，即不测条干均匀度。

（3）单纱（线）断裂强度或百米重量偏差超出允许范围时，在单纱（线）断裂强力变异系数（%）和百米重量变异系数（%）原品等的基础上作顺序降一个等处理，如两项都超出范围，亦只顺序降一次，降至二等为止。

（4）优等棉纱另加 10 万米纱疵作为分等指标。

（5）检验条干均匀度可选用黑板条干均匀度或条干均匀度变异系数 *CV*（%）两者中的任意一种，但一经确定，不得随意更改。发生质量争议时，以条干均匀度变异系数 *CV*（%）为准。

普梳棉纱的质量指标及品等见表 2-6-1。

表 2-6-1　普梳棉纱的质量指标及品等

线密度（tex）	等别	单纱断裂强力变异系数（%）不大于	百米重量变异系数（%）不大于	单纱断裂强度（cN/tex）不小于	百米重量偏差（%）不大于	条干均匀度		1g 内棉结粒数不多于	1g 内棉结杂质总粒数不多于	实际捻系数		优等纱纱疵（个/10万米）不多于
						黑板条干均匀度 10 块板比例（优：一：二：三）不低于	条干均匀度变异系数（%）不大于			经纱	纬纱	
	优	12.0	2.5			7：3：0：0	18.0	35	50			
8～10	一	16.5	3.7	10.6		0：7：3：0	21.0	80	110	340～430	310～380	
	二	21.0	5.0			0：0：7：3	24.0	125	165			
	优	11.5	2.5			7：3：0：0	18.0	35	60			
11～13	一	16.0	3.7	10.8		0：7：3：0	21.0	80	120	340～430	310～380	
	二	20.5	5.0			0：0：7：3	24.0	140	185			
	优	11.0	2.5			7：3：0：0	17.5	35	60			
14～15	一	15.5	3.7	11.0		0：7：3：0	20.5	80	120	330～420	300～370	
	二	20.0	5.0		±2.5	0：0：7：3	23.5	140	185			
	优	10.5	2.5			7：3：0：0	17.5	35	60			
16～20	一	15.0	3.7	11.2		0：7：3：0	20.5	80	120	330～420	300～370	
	二	19.5	5.0			0：0：7：3	23.5	140	185			
	优	10.0	2.5			7：3：0：0	16.5	35	60			
21～30	一	14.5	3.7	11.4		0：7：3：0	19.5	80	120	330～420	300～370	40
	二	19.0	5.0			0：0：7：3	22.5	140	185			
	优	9.5	2.5			7：3：0：0	16.0	40	75			
32～34	一	14.0	3.7	11.2		0：7：3：0	19.0	80	145	320～410	290～360	
	二	18.5	5.0			0：0：7：3	22.0	130	225			
	优	9.0	2.5			7：3：0：0	15.0	40	75			
36～60	一	13.5	3.7	11.0		0：7：3：0	18.0	80	145	320～410	290～360	
	二	18.0	5.0			0：0：7：3	21.0	138	225			
	优	8.5	2.5			7：3：0：0	14.0	40	75			
64～80	一	13.0	3.7	10.8	±2.8	0：7：3：0	17.0	80	145	320～410	290～360	
	二	17.5	5.0			0：0：7：3	20.0	130	225			
	优	8.5	2.5			7：3：0：0	13.5	40	75			
88～192	一	13.0	3.7	10.6		0：7：3：0	16.5	80	145	320～410	290～360	
	二	17.5	5.0			0：0：7：3	19.5	130	225			

二、毛纱的品质评定

一般毛纱线均作为企业内部的半制品加以考核，没有国家标准，只有行业标准或地方标准。本文中，精梳毛纱和粗梳毛纱的品质是按纺织行业标准评定等级的。

（一）精梳毛纱的品质评定

精梳毛纱的品质评定按照物理指标和外观指标两项来评等、评级。根据物理指标评等，分为一等、二等，低于二等为等外；根据外观指标评级，分为一级、二级，低于二级为级外。另外，还须检验条干一级率。

1. 评等

精梳毛纱评等的物理指标包括线密度偏差、重量变异系数、捻度偏差、捻度不匀率、单纱平均强力等。具体指标见表2-6-2。

表2-6-2 精梳毛纱物理性能

项目	粗特纱（23.8tex及以上）			中特纱（17.9~23.8tex）			细特纱（17.9tex及以下）			品等	试验方法
	纯毛	混纺	化纤	纯毛	混纺	化纤	纯毛	混纺	化纤		
线密度偏差（%）	1.8	1.8	1.8	1.7	1.7	1.7	1.7	1.7	1.7	1	GB 4743
	2.2	2.2	2.2	2.1	2.1	2.1	2.1	2.1	2.1	2	
重量变异系数（%）	2.7	2.7	2.3	2.7	2.7	3	2.7	2.7	3	1	GB 4743
	3.2	3.2	3.5	3.2	3.2	3.5	3.2	3.2	3.5	2	
捻度偏差（%）	4	4	4	4	4	4	4	4	4	1	GB 2543
	5	5	5	5	5	5	5	5	5	2	
捻度变异系数（%）	11.5	11.5	12	12.5	12.5	13	12.5	12.5	13	1	GB 2543
	12.5	12.5	13	13	13	13.5	13.5	13	13	2	
平均强力（cN）不小于	200						180	200		1	GB 3916
低档纤维含量增加率（%）不小于	2.5									1	GB 2910 GB 2911
含油率（%）	1.5	—	0.5	1.5	—	0.5	1.5	—	0.5	1	ZBW 3001
染色牢度（级）参照ZBW 23001规定											ZBW 3001

2. 评级

精梳毛纱评级的外观检验分为条干均匀度和外观疵点两项。

（1）条干均匀度。可用黑板条干均匀度或乌斯特条干均匀度指标考核。黑板条干均匀度以10块黑板的一面按标样评定达到一级纱的块数，评级标准见表2-6-3。

表2-6-3 精梳毛纱的黑板条干评定标准

项目	粗细分档	品级	纯毛	混纺	化纤
黑板条干一级率（块）	高特纱	1	2	2	1
		2	1	1	0
	中特纱、低特纱	1	1	1	1
		等外	0	0	0

（2）外观疵点。可用黑板法和乌斯特纱疵仪法进行分级。黑板法，以10块黑板所绕取长度内的毛粒及其他疵点数来进行分级，具体评级指标见表2-6-4。乌斯特纱疵分级指标见表2-6-5。

表2-6-4 精梳毛纱黑板表面疵点评级指标

项目	纯毛	混纺	化纤	品级
大肚、竹节、超长粗（只）	不允许	不允许	1	1
	1	1	2	2
毛粒及其他纱疵（只）	15	20	25	1
	20	30	40	2

表2-6-5 精梳毛纱乌斯特纱疵分级指标

纱疵类	一级	二级
毛粒（A4）（只）	3~8	9~15
短粗（B3+C3）（只）	20~40	41~60
粗节（C_i）（只）	10~20	21~30
长粗节（E）（只）	10~15	16~20

（二）粗梳毛纱的品质评定

粗梳毛纱也是根据物理指标评等，根据外观质量评级。粗梳毛纱的评等、评级指标分别见表2-6-6和表2-6-7。

表 2-6-6　粗梳毛纱分等的物理指标

项目	品等	167tex 及以上	111～164tex	84～110tex	83tex 及以下
线密度偏差率（%）不大于	1	±4	±4	±3.5	±3.5
	2	±4.5	±4.5	±4	±4
重量变异系数（%）不大于	1	7	6.5	6	6
	2	7.5	7	6.5	6.5
捻度偏差率（%）不大于	1	±7	±6	±6	±5.5
	2	±7.5	±6.5	±6.5	±6
捻度变异系数（%）不大于	1	11	11	110	10
	2	11.5	11.5	10.5	10.5
平均强力（N）不大于	1	150	130	100	80
强力变异系数（%）不大于	1	16	16	15	15
低档纤维含量增加率（%）	1	3.5	3.5	3.5	3.5
含油率（%）	1	纯毛 2.5，化纤 0.5			
颜色牢度级	1	参照 ZBW 23002 规定			

表 2-6-7　粗梳毛纱的外观品质

项目	一级	二级
大肚、粗节、细节、粗细节	不允许	1
毛粒及其他纱疵（只）	好于样照	差于样照
条干均匀度（块）	3	2

三、纯苎麻纱的品质评定

纯苎麻纱根据物理指标评等，根据外观质量评级。

1. 评等

纯苎麻纱的等别有上等、一等和二等。评等的物理指标包括单纱断裂强力变异系数、重量变异系数、单纱断裂强度和重量偏差。先由单纱断裂强力变异系数和重量变异系数根据表 2-6-8 评定基本等，然后根据单纱断裂强度和重量偏差决定降等的情况，若单纱断裂强度和重量偏差超出标准规定范围，在原评等的基础上顺降一等；单纱断裂强度和重量偏差两项同时超出标准规定范围时，亦只降一等，但降至二等为止。

表 2-6-8 纯苎麻纱的品等评定

重量变异系数	单纱断裂强力变异系数			
	上等	一等	二等	二等以下
上等	上	一	一	三
一等	一	一	二	三
二等	一	二	二	三
二等以下	二	三	三	三

2. 评级

纯苎麻纱的级别有优级、一级和二级。评级的外观质量依据包括条干均匀度变异系数 *CV*（%）、细节、粗节和结杂。评级时，各项的评级不同时，按如下规定进行。

（1）四项中有三项优级，一项为二级时，评为一级。

（2）四项中有二项优级，一项一级，一项二级时，评为一级。

（3）四项中有一项优级，二项一级，一项二级时，评为一级。

（4）除（1）~（3）外，均按四项中最低一项的级别评定。

第三章　织物的性能与检测

第一节　织物的拉伸性能、撕裂和顶破

织物的破坏因素很多，其中最基本的是拉伸、弯曲、压缩与摩擦等机械力作用所致。织物服用时所受的外力作用，可能是一次或反复多次，其中受一次外力而遭到破坏的形式，有拉伸断裂、撕裂和顶破等。

织物的拉伸性能、撕裂和顶破等力学性能与所用的纤维及纱线性质有关，也与织物本身的结构特征有关，当所用纤维及纱线性质相同时，织物结构的不同往往会给这些力学性能带来很大差异。

织物具有一定的几何特征，如长度、宽度和厚度等，力学性能在各个方向上通常是不同的。这就要求至少从长度和宽度两个方向分别来研究织物的性能，有时还须考虑厚度方向的性能。坯布大部分均要经过后续的加工处理，例如，烧毛、漂练、印染、热定形和树脂整理等，使其结构与性能有很大的改变。因此，织物的力学性能要比纤维、纱线的力学性能多。

织物是纤维和纱线的最后制品，拉伸性能、撕裂和顶破等各项性能的好坏将直接影响制品的服用性能。因此，也是评定制品质量的主要内容。

一、拉伸性能

（一）拉伸试验的测定方法和指标

织物拉伸断裂时所应用的主要指标有断裂强度、断裂伸长率、断裂功、断裂比功等。这些指标基本上与前述纤维和纱线拉伸断裂的指标意义相同。

1. 拉伸断裂强度与断裂伸长率

对机织物拉伸断裂强度与断裂伸长的测定方法一般有扯边纱条样法、抓样法与剪切条样法三种。

（1）扯边纱条样法。将一定尺寸的织物试样扯去边纱到规定的宽度，并全部夹入夹钳内的一种测试方法，如图 3-1-1（a）所示，然后在适宜的强力试验仪上进行，我国国家标准 GB 3923—2013 规定采用此法。在我国国家标准中许可采用三种类型强力试验机——等速伸长强力机（CRE）、等速牵引强力机（CRT）和等加负荷强力机（CRL）。但各种类型强力机都必须在相同的断裂时间下进行试验。试样的平均断裂时间为 20±3s，但毛织物试样的平均断裂时间为 30±5s。棉、蚕丝、麻类及其混纺织物试样的夹持长度为 200mm，毛织物试样的夹持长度为 100mm。测时施加于试样的预加张力按试样单位面积质量而定。每一样品的测试次数经、纬向各 5 条。

（2）抓样法。将一规定尺寸的织物的试样仅一部分宽度夹入夹钳内的一种试验方法，如图 3-1-1（b）所示。

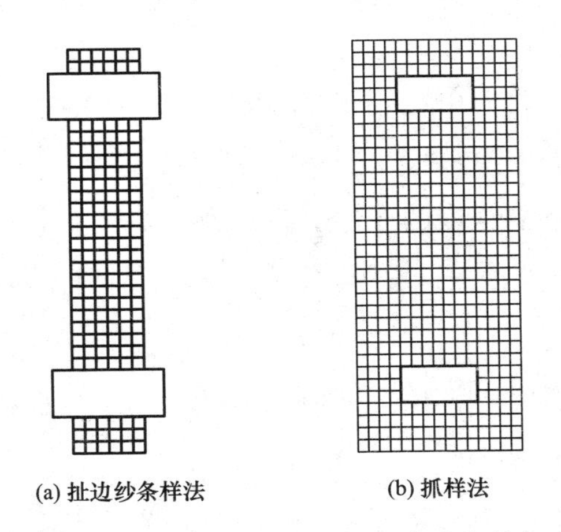

图 3-1-1　织物拉伸断裂试验时试条的夹持方法

（3）剪切条样法。对部分针织品、缩绒织品、毡品、非织造布、涂层织品及其他不易扯边纱的织物，则采用剪切条样法。此法将剪切成规定尺寸的织物试样全部夹入夹钳内。

与抓样法相比，扯边纱条样法所得试验结果的不均匀率较小，所用试验材料比较节约，但抓样法的试样准备较容易，并且试验状态较接近实际使用情况，所得试验强度与伸长略高。

针织物的矩形试条在拉伸时，由于横向收缩，使试样在钳口附近撕断，影响试验的准确性。这种情况，对于合纤针织外衣试条则更为明显。为了改善这种情况，根据有关试验研究，以采用梯形或环形试条较好。图 3-1-2（a）为梯形试条的形状，两端的梯形部分被钳口所夹持。图 3-1-2（b）为环形试条的形状，虚线处为试条两端的缝合处。这两种试条的拉伸伸长均匀性比矩形试条好，因此，用来测定针织物的伸长率较为理想。如果要同时测定强度和伸长率，也以用梯形试条为宜。

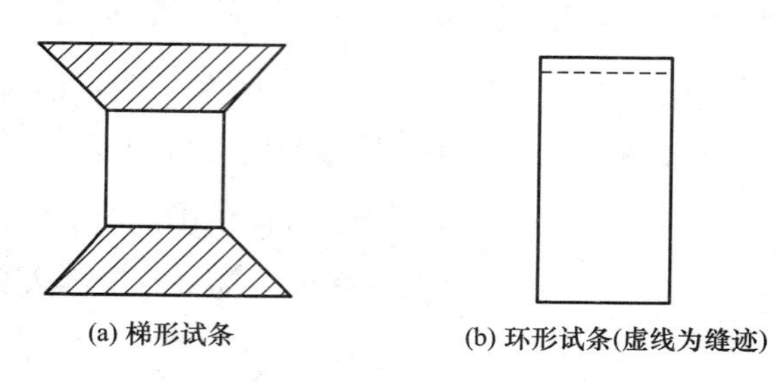

图 3-1-2　针织物拉伸断裂试验时试条的夹持方法

断裂强度是评定织物内在质量的主要指标之一。国家标准规定：本色棉布经纬向断裂强度的允许下公差为 8%，超过 8%将降为二等品。行业标准指出：精梳毛织物与化纤精梳毛织物断裂强度的允许下公差为 10%，小于 10%的为一等品，小于 15%的为二等品。棉针织内衣标准中也规定了不同品种针织物的直、横向断强度允许公差范围。

此外，断裂强度指标常常用来评定织物日照、洗涤、磨损以及各种整理后对织物内在质量的影响。

涤纶在染整过程中受到浓碱与高温作用，如果工艺条件不当，往往使涤纶变质，使织物的伸长能力明显下降，影响穿着牢度，但此时织物的强度可能无显著变化。为此，行业标准中规定，涤/棉混纺印染成品织物的断裂伸长率作为内部控制指标。涤纶含量在 60%以上的印染成品织物断裂伸长率的规定见表 3-1-1。

表 3-1-1　涤/棉印染成品织物的断裂伸长率

织物品种	断裂伸长率（%）	
	经	纬
漂白细平布	12	16
染色、印花细平布	11	15
漂白府绸	14	13

续表

织物品种	断裂伸长率（%）	
	经	纬
染色、印花府绸	13	12
染色纱卡其	14	13
染色线卡其、线华达呢	16	12

通常分别沿织物的经纬向来测定强度与伸长率，但有时也沿其他不同方向测定，因为衣服的某些部位是在织物不同的方向上承受着张力。

与纤维、纱线的测试一样，织物强度与伸长率的测试，也应在恒温恒湿条件下进行。如果工厂在一般温湿度条件下进行快速测试，则可根据测试时的实际回潮率，用式 3-1-1 对本色棉布或针织内衣坯布的强度加以修正。

$$P=K\times P_0 \tag{3-1-1}$$

式中：P——修正后本色棉布或针织内衣坯布的强度，N；

P_0——实测的本色棉布或针织内衣坯布的强度，N；

K——强度修正系数。

强度修正系数在国家标准中有规定。在上述修正中没有把温度的影响考虑在内，此外，不同原料的机织物或针织物，应根据原料特性分别进行修正。

2. 织物的拉伸曲线

用附有绘图装置的织物强力仪进行拉伸试验时，可得到织物的拉伸曲线，如图 3-1-3 和图 3-1-4 所示。根据拉伸曲线，不仅可以知道织物的断裂强度与断裂伸长率，而且可以了解在整个受力过程中负荷与伸长的变化。织物的拉伸曲线特征与组成织物的纱线和纤维的拉伸曲线基本相似。棉织物与麻织物的拉伸曲线呈直线而略向上弯曲，毛织物与蚕丝织物的拉伸曲线有凸形特征。因此，棉、麻等织物的充满系数接近 0. 5 而略小于 0. 5；毛、丝织物的充满系数大于 0. 5。化纤混纺织物的拉伸曲线保持所用混纺纤维的特性曲线形态，例如，65% 高强低伸

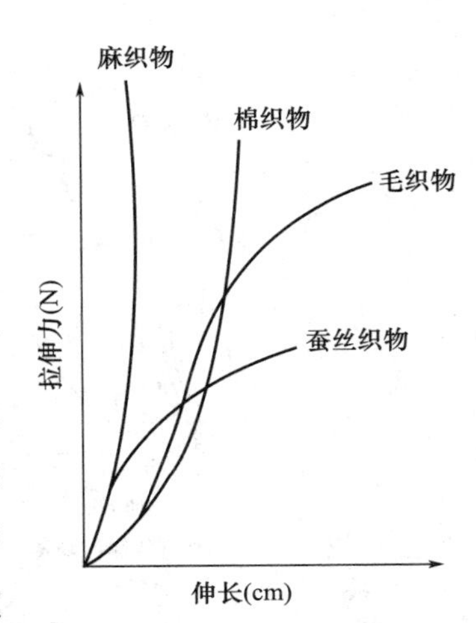

图 3-1-3　天然纤维织物拉伸曲线

涤纶与35%棉混纺织物的拉伸曲线同高强低伸涤纶的拉伸曲线相似，而65%低强高伸涤纶与35%棉混纺织物的拉伸曲线与低强高伸涤纶的拉伸曲线接近。织物结构不同时，织物的拉伸曲线也会有一定差异。织物拉伸曲线和经纬向织缩率有关。织缩率越大，拉伸开始阶段伸长较大的现象越明显，例如，棉府绸的经纬向拉伸曲线如图3-1-5所示，几种针织物的拉伸曲线如图3-1-6所示。

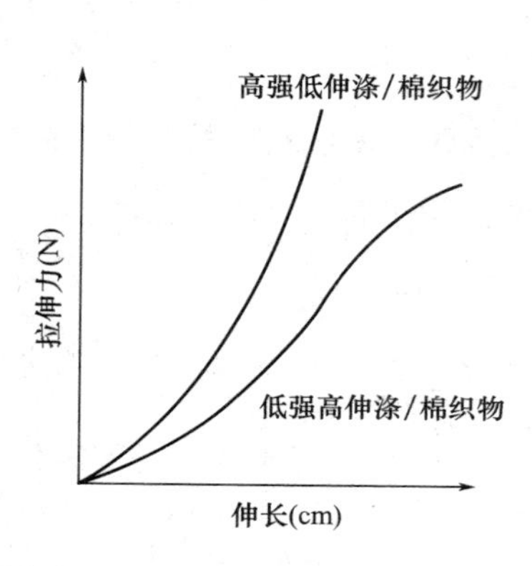

图3-1-4　涤/棉混纺织物拉伸曲线

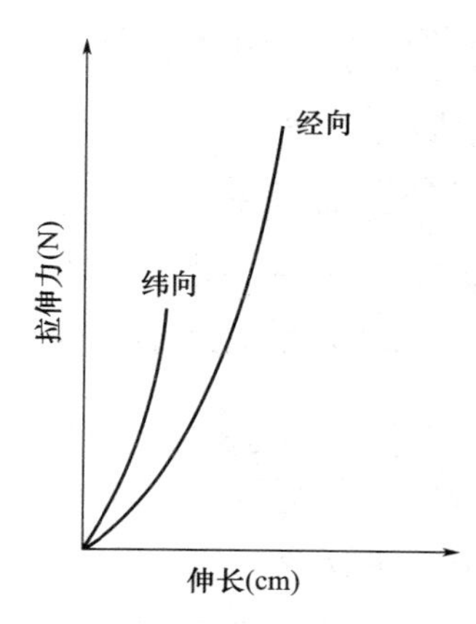

图3-1-5　棉府绸织物经、纬向拉伸曲线

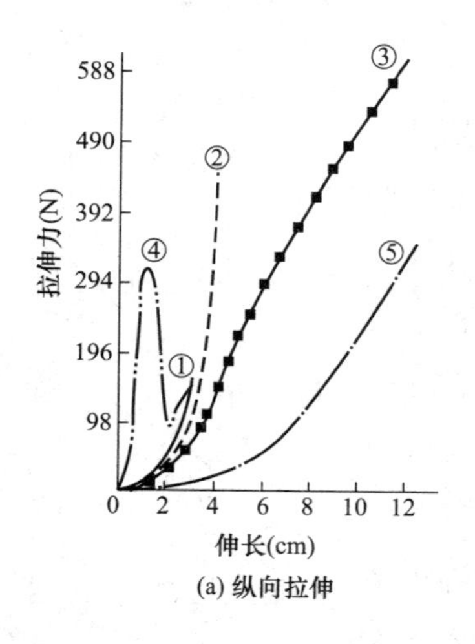

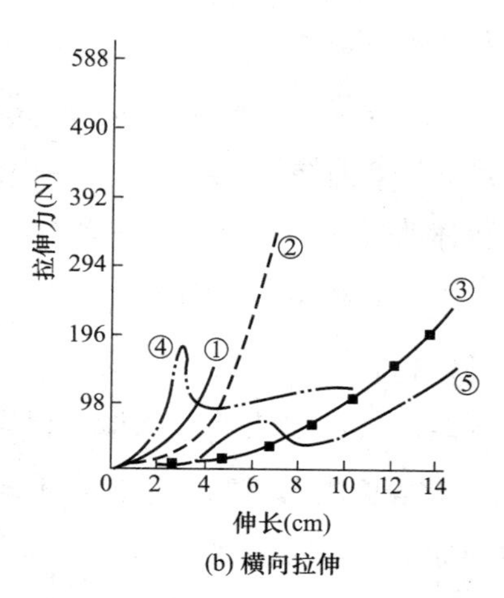

图3-1-6　几种针织物的拉伸曲线

1—棉汗布 2—棉毛布 3—低弹涤纶丝针织外衣（纬编）

4—衬经衬纬针织物　5—衬纬针织物

3. 断裂功

织物在外力作用下拉伸到断裂时，外力对织物所做的功称为断裂功。如图 3-1-7 所示，Oa 曲线下的面积 Oab 为断裂功 R：

$$R=\int pdl \tag{3-1-2}$$

用上式求 R 值是比较复杂的，因为函数 $P=f(l)$ 不易取得。一般是用面积仪或用计算方法来测量曲线下的面积。

为了对不同结构的织物进行比较，常采用质量断裂比功 R_g：

$$R_g=R/G \tag{3-1-3}$$

式中：G——试条测试部分的重量。

断裂功相当于织物拉伸至断裂时所吸收的能量，也就是织物具有的抵抗外力破坏的内在结合能，因而在一定程度上可以认为，织物的这种能量越大，织物越坚牢。实测数据表明，涤/棉和涤/棉/锦混纺织物的断裂功比纯棉织物高出 100%～200%，棉/维混纺织物的断裂功比棉织物高出约 50%，合纤长丝织物、蚕丝织物与绢纺类织物虽然平方米克重比棉织物低得多，但断裂功一般较大，实际使用牢度也良好，这说明断裂功与实际穿着牢度有一致趋势。但必须指出，断裂功是一次拉伸概念，而实际穿着中织物不是受一次外力作用，而是小负荷或小变形下的反复多次作用。

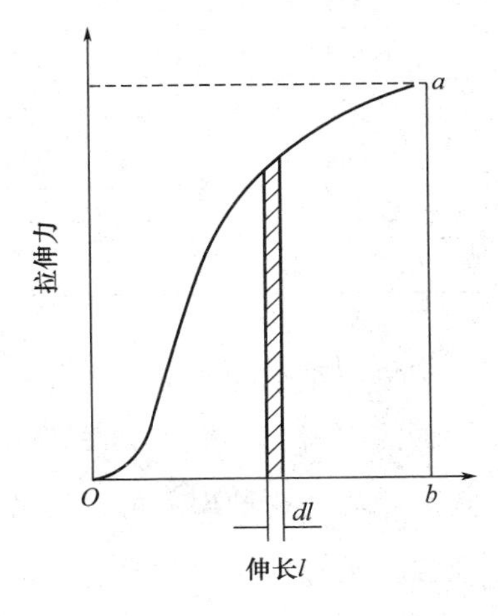

图 3-1-7　根据拉伸曲线测定断裂功

由于断裂功包括强度与伸长率两项指标，还涉及拉伸曲线的形态，因此，断裂功比断裂强度更能全面地反映染整工艺质量，尤其对化纤织物更是这样。此外，织物的断裂功指标比耐磨指标更为稳定。

（二）影响织物拉伸强度的因素

1. 织物密度和织物组织的影响

机织物经纬密度及针织物纵横密度的改变对织物强度有显著的影响。以 14tex×2×28tex（42 英支/2×21 英支）棉半线卡其为例，当经纬密度变化时，测得织物强度见表3-1-2。

表3-1-2 14tex×2×28tex（42英支/2×21英支）棉半线卡其的经、纬密度与强度的关系

设计密度（根/10cm）		断裂强度（N）	
经	纬	经	纬
518	266	1326.9	563.5
518	287	1312.2	616.4
518	301	1322	672.3
548	266	1362.2	547.8
548	287	1367.1	632.1
548	301	1354.4	655.6
575	266	1423.9	582.1
575	287	1393.6	641.9
575	301	1412.2	657.5
606	266	1465.1	586.0
606	287	1462.2	653.7
606	301	1501.4	688.9

当机织物经纬密度同时变化或任一系统的密度改变时，织物的断裂强度随之改变。若经向密度不变，仅使纬向密度增加，则织物中纬向强度增加，而经向强度有下降的趋势。这种现象可以认为是由于纬向密度的增加，织造工艺上需要配置较大的经纱上机张力，同时经纱在织造过程中受到反复拉伸的次数增加，经纱相互间及与机件间的摩擦作用增加，使经纱疲劳程度加剧，引起经向强度有下降趋势。若织物的纬向密度不变，仅使经向密度增加，则织物的经向强度增加，纬向强度也有增加的趋势。这种现象可以认为是由于经向密度的增加，使经纱与纬纱的交错次数增加，经纬纱间的摩擦阻力增加，结果使纬向强度增加。

应该指出，对某一品种的机织物来说，经纬密度都有一极限值。经纬密度在某一极限内，可能对织物强度有利。若超过某一极限，由于密度增加后纱线所受张力、反复作用次数以及屈曲程度过分增加，将会给织物强度带来不利的影响。机织物组织的种类很多，以平纹、斜纹及缎纹这三种基本组织为例，在其他条件相同的情况下，平纹组织织物的强度和伸长大于斜纹组织织物，而斜纹组织织物又大于缎纹组织织物。织物在一定长度内纱线的交错次数越多，浮线长度越短，则织物的强

度和伸长越大。

2. 纱线的线密度和结构的影响

在织物的组织和密度相同的条件下，用线密度大的纱线织造的织物，其强度比线密度小的较高。这是由于线密度大的纱线强度较大，并且由线密度大的纱线织成相同密度的织物，其紧度较大，织物较厚，断面积大，纱与纱之间接触面积增加，纤维间的摩擦力增大，使织物强度提高。

由股线织成的织物强度大于由相当于同支单纱所织成的织物。以 16tex×2（36 英支/2）股线作为经纱，不同线密度的纱线作为纬纱织成 3/1 斜纹卡其织物，测得强度结果见表 3-1-3。由表可知，全线卡其的织物强度比半线卡其高，这是由于单纱合股反捻成股线后，减少了扭应力，使纱中纤维承担外力均匀，并使股线的条干不匀，强度不匀与捻度不匀均有所降低，提高了股线中纤维的强度利用程度。

表 3-1-3　股线与单纱对织物强度的影响

纬向纱线									
	tex	18×2	36	21×2	42	24×2	48	29×2	58
	英支	32/2	16	28/2	14	24/2	12	20/2	10
织物纬向强度（N）		833	715.4	916.3	840.8	961.4	894.7	985.9	924.1

纱线捻度对织物强度的作用包含着互相对立的两个方面：当纱线捻度在临界捻度以下较多时，在一定范围内增加纱线的捻度，织物强度有提高趋势；但当纱线的捻度接近临界捻度时，织物强度明显下降，因为当纱线还没有到达临界捻度时，织物强度已达到最高点。

纱线的捻向通常从织物光泽的角度考虑较多，但也与织物的强度有关。当经纬向两系统纱线捻向相同时，织物表面的纤维倾斜方向相反，而在经纬交织处则趋于互相平行，因而纤维互相啮合、密切接触，纱线间的阻力增加，使织物强度有所提高。两种棉织物的经纬纱捻向不同时，织物强度的变化见表 3-1-4。同时，经纬纱线捻向相同时，交织点处经纬纱线互相啮合，织物厚度变薄，但织物卷角效应较轻；当经纬纱线捻向相反时，交织点处两系统纱线中纤维方向互相交叉，无法啮合，因而织物厚度较厚，但因两系统纱线扭应力合力作用，使卷角效应比较明显。

表 3-1-4　纱线捻向对织物强度的影响

织物品种		19. 5tex×16tex（30 英支×36 英支）细布		14. 5tex×14. 5tex（40 英支×40 英支）纬面缎纹	
纱线捻向	经	Z	Z	Z	Z
	纬	S	S	S	S
织物强度（N/5cm）	经	363. 6	376. 3	390. 0	399. 8
	纬	270. 5	288. 1	571. 3	619. 4

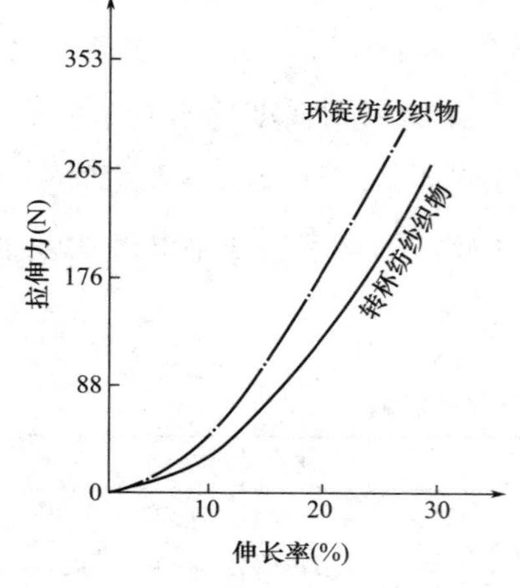

图 3-1-8　50 涤/50 棉平纹组织织物经向拉伸曲线

转杯纱织物比环锭纱织物一般具有较低的强度和较高的伸长。转杯纱织物与环锭纱织物的拉伸曲线，如图 3-1-8 所示。转杯纱织物的断裂功一般比环锭纱织物小，这说明转杯纱织物断裂强度的减少，并没有从断裂伸长的增加而得到补偿。

在织物设计时应加考虑转杯纱的特性。例如，灯芯绒织物，可以 42 英支/2 环锭纱作经纱、21 英支转杯纱作纬纱进行交织，用转杯纱作为纬纱起绒，以充分发挥转杯纱的特性。这是因为转杯纱棉结与杂质少，可以减少割绒时跳刀，而且转杯纱结构蓬松，染色鲜艳，绒毛丰满厚实；而经向用环锭纱，可以保持较高的强度，承受较大的上机张力，粗支转杯纱的强度接近于同支环锭纱，因此，粗支转杯纱织物强度也接近于同支环锭纱织物。

3. 纤维品种和混纺比的影响

织物结构因素基本相同时，织物中纱线的强度利用系数大致保持稳定，纱线中纤维强度利用的差异也在一定范围内，因此，纤维的品种是织物强伸性能的决定因素。各种化学纤维的拉伸性能差异甚大，因此，化纤织物拉伸性能也有很大的不同。表 3-1-5 为各种常见化纤长丝织制的过滤布的强度。

表 3-1-5　各种常见化纤长丝织制的过滤布的强度

织物原料	锦纶	涤纶	丙纶	腈纶	氯纶
织物强度（N）	1705. 2	1685. 6	1519	1058. 4	823. 2

即使品种相同的化学纤维，由于化纤制造工艺不同、用途不同，引起纤维内部结构不同，也可使纤维的拉伸性能有很大差异，因此，织物的强伸性能也产生相应的变化。例如，曾对棉型低强高伸涤纶和高强低伸涤纶作对比试验，纺 65 涤/35 棉的 13tex（45 英支）混纺纱，织平纹细布，织物的强伸性能见表 3-1-6。

表 3-1-6　纤维性能对织物强伸性能的影响

织物性能 \ 纤维性能		低强高伸	高强低伸
断裂强度（N）	经	422.4	473.3
	纬	414.5	496.9
断裂伸长率（%）	经	35.3	23.2
	纬	31.3	19.6
断裂功（N·m）	经	16.1	7.8
	纬	13.4	8.5
	总	29.5	16.3

由表 3-1-6 可知，由低强高伸涤纶得的织物，断裂强度较低，但断裂伸长率特别是断裂功明显较大。由于断裂功是织物抵抗外力破坏的内在能量，因此，在一定程度上也可反映织物的服用牢度。穿着实践证明，低强高伸涤纶织物较为耐穿。

由合成纤维混纺纱的强伸特性可知，当混纺纱中两种纤维的断裂伸长率不同且混入纤维的初始模量又低于另一种纤维的初始模量时，如果用低强高伸涤纶与棉或黏胶纤维混纺，则混纺织物的断裂强度与混纺纱的断裂强度相似，并不是在任何情况下都能得到提高，见表 3-1-7。因此，国内外涤/棉混纺织物大多数的混纺比在 65/35 左右，原因之一是考虑到要提高织物的强伸性能。在涤纶含量低于 50%时，混纺织物的强度将比纯棉织物还低。

表 3-1-7　涤/棉混纺比对织物强度的影响

涤/棉混纺比	0/100	35/65	50/50	65/35
织物强度（N）	470.4	460.6	558.6	784

当合成纤维与羊毛混纺时，混纺织物的断裂强度与混纺纱的断裂强度一样，都是随合成纤维含量的增加而逐渐增加，即使混用少量的合成纤维，混纺毛织物的断裂强度也有所提高。图 3-1-9 和图 3-1-10 所示为毛/涤混纺和毛/腈混纺在不同混

纺比下的织物强度变化曲线。

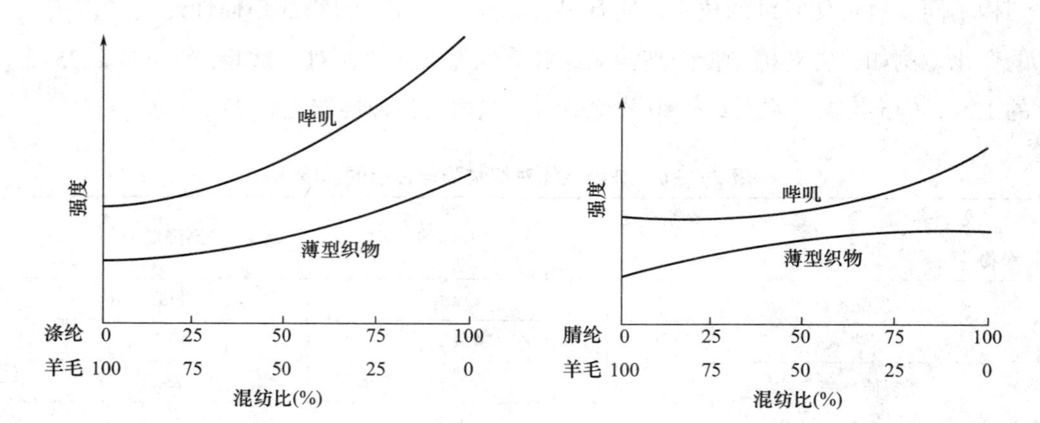

图 3-1-9　毛/涤混纺织物混纺比与强度的关系　图 3-1-10　毛/腈混纺织物混纺比与强度的关系

此外，在常态下，棉/维混纺织物的强度随维纶含量的增加而提高；在湿态下，因棉强度提高、维纶强度下降，故织物强度随维纶含量增加而有下降趋势。

二、撕裂（撕破）

服装在经过一段时间穿用后，由于织物内局部纱线受到集中负荷而撕成裂缝。用作军服、篷帆、降落伞、吊床等的织物，在使用中更易受到集中负荷的作用，使制品局部损坏而破裂。织物被物体勾住，局部纱线受力断裂而形成裂缝，或织物的局部被握持，以致织物被撕成两半。织物受到的此类损坏，通常称为撕裂，有时也称为撕破。目前我国在经树脂整理的棉型织物及毛型化纤纯纺或混纺的精梳织物的试验方法中，有评定强度的项目。

（一）撕裂强度的试验方法

测定撕裂强度的方法很多，在我国国家标准中规定有三种试验方法，单缝法即单舌法（GB 3917—2009）、梯形法（GB 3918—1983）和落锤法（GB 3919—1983）。

1. 单缝法撕裂强力

试验原理是在一矩形织物试样的短边中心开剪一个一定长度的切口，如图 3-1-11 所示，使试样形成两舌片，并将此两舌片分别夹于具有一定容量的拉力试验机的上下夹钳之间。在一定的试验参数条件下，试样在受撕过程中，负荷连续不断地变化。由试验仪器的记录装置绘出的撕裂负荷与时间曲线，如图 3-1-12 所示。表示撕裂强度的指标很多，有以撕裂曲线中的最大值 P_{max} 表示的，有以撕裂曲线中各个最大值的平均数表示的，有以撕裂曲线中各个最大值的中值（即中位数）表示的，有以撕裂曲线下面的面积即撕裂功表示的，还有以撕裂功被横坐标长度除得的平均撕裂强度表示的。目前我国大多采用最大值来表示。

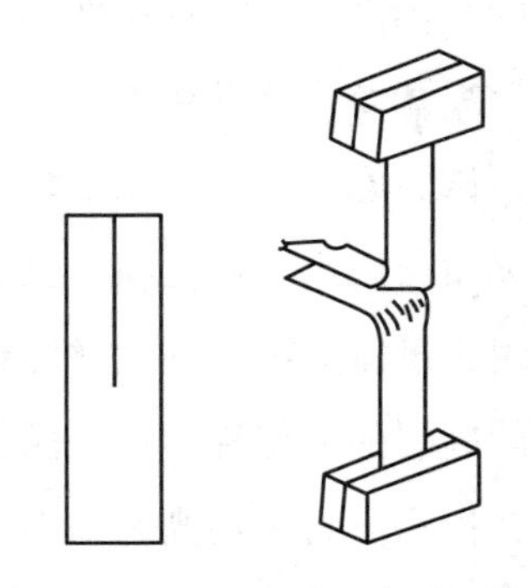

图 3-1-11 单舌法撕裂试验

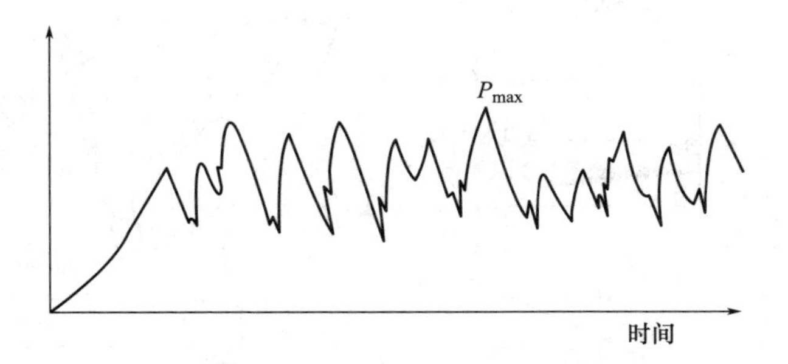

图 3-1-12 织物撕裂曲线（65 涤/35 棉混纺细布）

织物撕裂试验中，经纱被拉断的试验，称为经向撕裂强力试验；纬纱被拉断的试验，称为纬向撕裂强力试验。此法适用于各种机织物和撕裂方向有规则的非织造织物。单缝法的试验结果与织物坚韧性有关，并与织物内纱线间的摩擦阻力有较敏感的关系。因此，该法可反映染整加工工艺和织物组织结构所引起的抗撕性能的变化。

2. 梯形法撕裂强力

试验原理是将有梯形夹持线印记的条样织物试样，在梯形短边正中部位，先开剪一条一定长度的切口，然后将试样沿夹持线夹于具有一定容量的强力试验机的下夹钳内如图 3-1-13 所示。随着强力试验机下钳的逐渐下降，短边处的各根纱线开始相继受力，并沿切口线向梯形的长边方向渐次地传递张力而断裂，直至试样全部撕断。此法适用于各种机织物和某些轻薄非织造织物。梯形法的试验结果反映了织物的坚韧性和耐穿耐用性。

3. 落锤法撕裂强力

试验原理是将一矩形织物试样夹紧于如图 3-1-14 所示的落锤式撕裂强力机的动夹钳与固定夹钳之间，在试样中间开一切口，利用扇形锤下落，动夹钳 1 和固定夹钳 2 迅速分离，使试样受到撕裂。本法是一种快速的单缝型试验方法，因此，测得的撕裂强力也称为冲击撕裂强力。此法的适用范围与试验结果近似于单舌法。指针 3 指示值为平均撕裂强力。

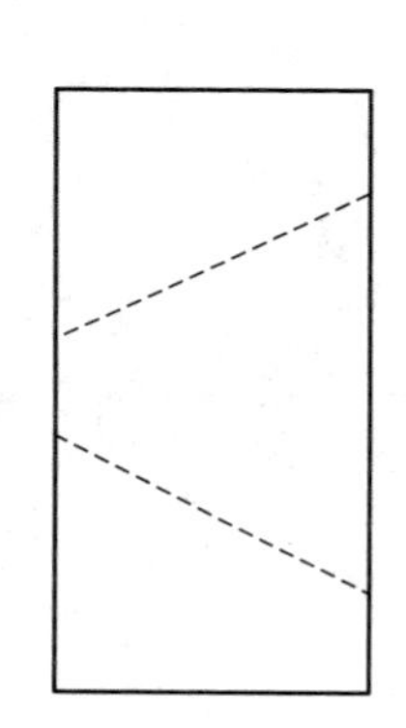

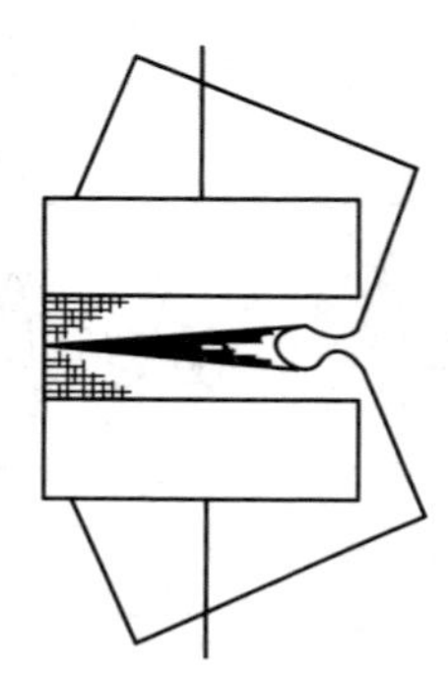

图 3-1-13　梯形法撕裂试验

图 3-1-14　落锤式撕裂强力机（Elmendorf）

目前国际上最常用的织物撕裂强力测试方法也不外乎上述三种方法。单缝法和落锤法在美国和日本也列为其国家标准，单缝法也为国际羊毛局所采用，梯形法在日本也使用。

（二）织物撕裂的特征与影响撕裂强度的因素

单缝法撕裂时，裂口处形成一个纱线受力三角形，如图 3-1-15 所示。当试条中受力的纱线逐渐上下分开时，不直接受力的纱线开始与受力的纱线有某些相对滑动，并逐渐靠拢，形成一个近似三角形区域，通常称为受力三角形。由于纱线间的摩擦阻力的作用，滑动是有限的。在滑动时，纱线的张力迅速增大，纱线的变形伸长也急剧增加。当构成受力三角形的底边的第一根纱线变形至断裂伸长时，这根纱线即断裂，从而获得了某一撕裂负荷的极大值。这时除第一根纱线外，在受力三角形内和第一根纱线相邻近的其他横向纱线也担负着部分外力，但外力随离开第一根纱线的渐远而逐渐减小，所以撕裂强度的某一极大值远比单纱强度大。

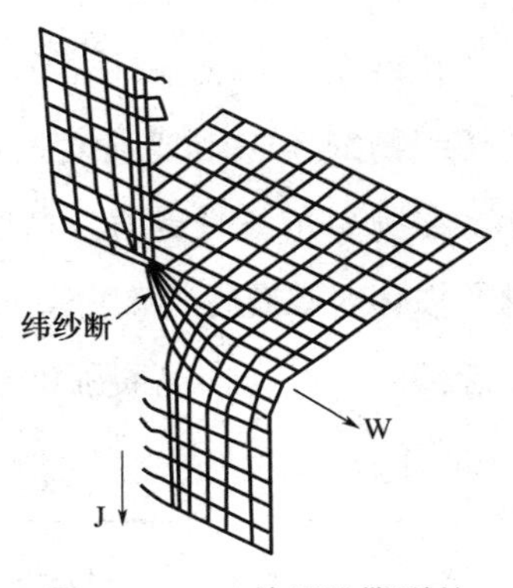

图 3-1-15　单缝法撕裂的断裂过程

由以上可知，织物的撕裂与拉伸断裂不同。拉伸断裂是拉伸系统纱线同时受力，当拉伸到一定程度，各根纱线在较短时间内断裂。撕裂则是织物中的纱线依次逐根断裂。因此，织物的断裂强度与布条宽度关系甚大，而织物的撕裂强度与纱线强度近似成正比。此外，纱线的断裂伸长率与织物的撕裂强度有密切关系。纱线的断裂伸长率越大，受力三角形越大，同时受力的纱线根数越多。因此，撕裂强度也越大。当纵向纱线与横向纱线间的摩擦阻力大时，两个系统的纱线间不易滑动，受力三角形变小，受力纱线根数减少，因而撕裂强度变小。因此，经纬纱线间的摩擦阻力对撕裂强度起着消极的作用。由上可见，纱线的结构、捻度、表面形状对织物的撕裂强度也有影响。

在梯形法撕裂中同样有受力三角形，但主要由受力纱线的伸直和变形而产生。在梯形法撕裂中，断裂的纱线系统是直接受拉伸的，受力纱线的根数与试条对夹头水平线的倾角有密切关系。倾角越小，受力纱线的根数越多，撕裂强度越大。当倾角为0°，两边由梯形变为呈互相平行时，撕裂强度等于拉伸强度。我国规定倾角为15°。

织物组织对撕裂强度有显著影响。组织不同，纱线在织物中交错次数不同，纱线能做某些相对移动的程度也不同。一般平纹织物的撕裂强度最小，方平组织织物最大，缎纹和斜纹组织织物处于两者之间。

织物中织缩对撕裂强度的影响有两方面：一方面，当织缩大时，织物的伸长增加，织物中纱线的受力根数增加，受力三角形变大，因而撕裂强度增加；另一方面，当织缩大时，纱线的弯曲程度增加，纱线间相互挤压和摩擦增加，使纱线间相对运动的可能性减小，因而会降低撕裂强度。

织物密度对撕裂强度的影响较为复杂。在一般密度条件下进行梯形法试验时，当织物密度增加，而纱线间的摩擦阻力变化不大，则由于受力纱线根数增加，可能使撕裂强度提高。但织物密度增加，使纱线间的摩擦阻力增加，受力纱线根数减少，不利于撕裂强度的提高。

几种涤/棉织物和棉/维织物的梯形法撕裂强度，见表3-1-8。由表可知，一般府绸织物的经向撕裂强度远比纬向大，这是因为府绸织物的纬向密度比经向密度小，在撕裂布条时受力三角形内纬向受力的纱线根数少。实际穿着也表明，府绸织物在损坏时，最后出现沿着经向纬纱断裂而达到撕裂。细布织物由于经纬密度比较接近，所以经纬向撕裂强度也比较接近。

表3-1-8　几种织物的梯形法撕裂强度

织物规格	梯形法撕裂强度（N）	
	经	纬
18tex×18tex（32英支×32英支）×441根/10cm×242根/10cm 50棉/50维府绸	87.2	39.2
14.5tex×14.5tex（40英支×40英支）×337根/10cm×336根/10cm 50棉/50维细布	62.7	60.8
13tex×13tex（45英支×45英支）×133根/10cm×72根/10cm 65涤/35棉府绸	147	66.6
13tex×13tex（45英支×45英支）×110根/10cm×76根/10cm 65涤/35棉府绸	98	68.6
13tex×13tex（45英支×45英支）×100根/10cm×91根/10cm 65涤/35棉府绸	88.2	78.4

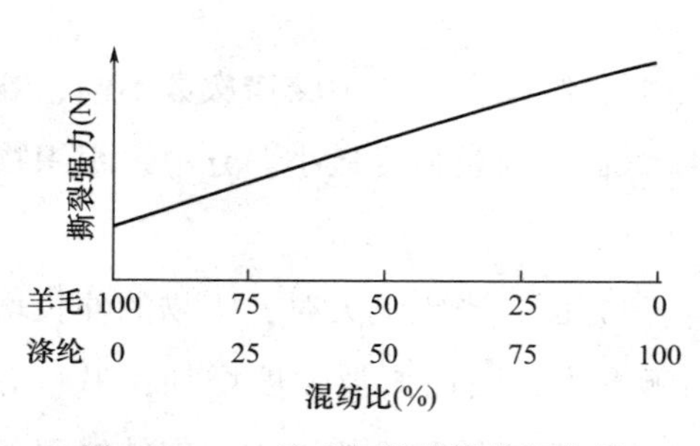

图3-1-16　羊毛与涤纶混纺织物的撕裂强度与混纺比的关系

化学纤维混纺织物的撕裂强度，在其他条件一定时，也取决于混纺纤维种类及混纺比。锦纶、涤纶等合成纤维与羊毛、棉、黏胶纤维混纺，一般可以使混纺织物的撕裂强度得到提高，如图3-1-16所示。

有时在混用少量合成纤维时，由于混纺纱强度偏低而影响织物的撕裂强度，得到类似于织物拉伸强度与混纺比的曲线，如图3-1-17所示。羊毛与腈纶混纺织物的撕裂强度与混纺比的关系曲线，如图3-1-18所示，不同混纺比的撕裂强度无明显差异。

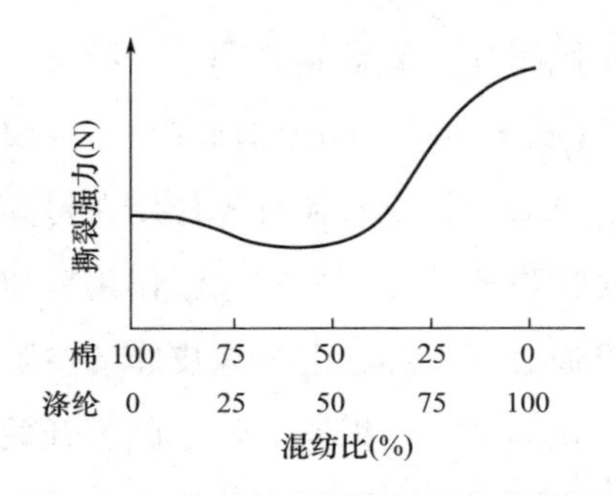

图 3-1-17 涤纶与棉混纺织物的撕裂强度与混纺比的关系

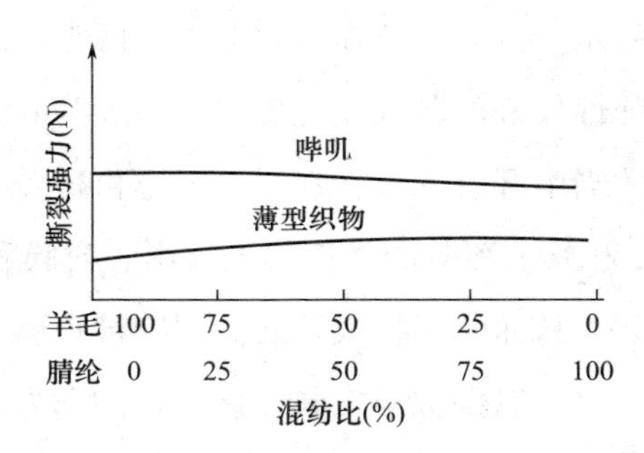

图 3-1-18 羊毛与腈纶混纺织物的撕裂强度与混纺比的关系

有些棉、维交织府绸，经向用纯棉纱，纬向用纯维纶纱，不但可以利用两种纤维的染色性能不同而形成闪色织物，而且有利于纬向撕裂强度的提高，改善府绸织物的穿着牢度。

棉、黏胶纤维和富强纤维等纤维素纤维织物经树脂整理后，织物的有些服用性能可以得到改善，但织物的撕裂强度降低，棉织物尤为显著。这是因为经树脂整理后，棉纤维的强度与伸长率明显下降，黏胶纤维虽然强度有所提高，但伸长率降低。

三、顶破（顶裂）

将一定面积的织物四周固定，从织物的一面给予垂直的力使其破坏，这称为顶破，又称顶裂。顶破与衣着用织物的膝部、肘部、手套及袜子等的受力情况相似。顶破试验可提供织物多项强伸特征的信息，特别适用于针织物、三向织物、非织造布及降落伞用布等。目前我国把顶破强度作为考核部分针织物品质的指标，鞋面帆布，一般也要考核其顶破强度。

国家标准规定，顶破试验采用弹子式顶破试验仪进行。如图 3-1-19 所示，弹子式顶破试验仪用一对支架 1 与 2 代替强度仪的上下夹头，上支架 1 及下支架 2 可以做相对移动，试样 3 夹在一对环形夹具 4 之间。当下支架 2 下降时，顶杆 5 上的钢弹子 6 作用于试样 3 上，直至试样顶破为止，在试验仪刻度盘上读取顶破强度。

此外，也可用气压式顶破试验仪来测定织物的顶破强度和顶破伸长，如图 3-1-20

所示。试样 1 放在衬膜 2 上，两者同时被夹持在半圆罩 3 和底盘 4 之间。衬膜是用弹性较好的薄橡皮片做的，厚度为 0.38~0.53mm（随试样的不同分别选择）。衬膜的当中开有气口，在气口上方再覆盖一块橡皮膜。试验时，空气流首先作用在衬膜 2 和其上覆盖的橡皮膜上，由于衬膜和覆盖的橡皮膜弹性较好，受空气流作用后顶起，从而使织物被顶起。织物被顶破后，空气流可通过气口和其上方橡皮膜的空隙流出，以保护橡皮膜。该仪器的动力是压缩空气。试验时，压缩空气经过阀门开关 6 进入仪器的空气管道 5，作用在衬膜和试样上。试样被顶破后，顶破强度可从强度压力表 7 读出，顶破伸长可从伸长压力表 8 读出，顶破伸长比单向断裂伸长更能反映织物本身的实际变形能力，因为它不像单向拉伸那样，由于某方向受拉伸而引起其他方向的收缩。

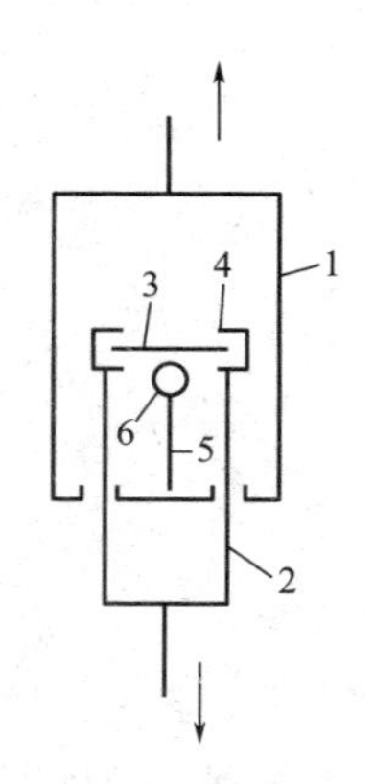

图 3-1-19　弹子式顶破试验仪

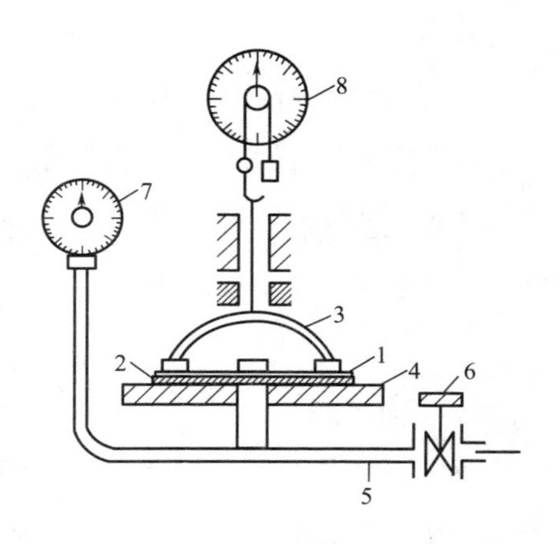

图 3-1-20　气压式顶破试验仪

气压式顶破试验仪与弹子式顶破试验仪相比，前者的试验结果较为稳定，用于降落伞织物的顶裂性能测定尤为合适。

顶破过程中织物的受力是多向的，而一般机织物与针织物的强度和变形是各向异性的，在顶力作用下各向伸长，沿经纬两方向张力复合的剪应力，首先在变形最大、强度最为薄弱的一点上使纱线断裂，接着沿经向或纬向撕裂，因而裂口一般呈直角形或直线形，由各种纤维组成经纬纱的织物，一般表现为，织物织缩率大而经纬向织缩率接近，则织物的顶破强度较高。这是由于经纬纱对顶破强度同时发挥作用的缘故，其破口形状常为三角形。若经纬向纱线的变形能力不同或织缩率相差较大时，则变形能力小的或织缩率低的一个系统纱线在顶破过程中首先到达断裂伸长而破裂，裂口常为一直线。由于经纬向纱线没有同时发挥最大作用，故顶破强度可能较低。但因所测是合力，若织物变形能力很大，顶破强度也可能非常高。若经纬向纱线相同，经纬向密度差异较大时，裂口也呈一直线。

针织物的顶破过程是组成试样的各线圈联成一片，共同承受伸长变形，直至顶破。可以推知，如果组成针织物的纱线钩接强度越大，则顶破强度也越大。针织物的顶破强度可通过改用较粗的纱线与适当增加针织物的线圈密度，或采用各种合纤混纺纱来提高。

第二节 织物的耐磨性能

织物在使用过程中，由于使用场合不同，会受到各种不同外界因素的作用，逐渐降低使用价值，直至最后损坏。衣着用织物经常与周围所接触的物体相摩擦，在洗涤时受到搓揉和水、温度和皂液等的作用，外衣穿用时受到阳光照射，内衣则受到汗液作用，有些工作服还受到化学试剂或高温等的作用，因而织物的损坏是由于在使用过程中受到机械、物理、化学以及微生物等各种因素的综合作用所造成。织物在一定使用条件下抵抗损坏的性能，称为织物的耐用性。虽然织物在使用中损坏的原因很多，但实践证明，磨损是损坏的主要原因之一。所谓磨损是指织物与另一物体由于反复摩擦而使织物逐渐损坏。耐磨性就是织物具有的抵抗磨损的特性。

一、耐磨性的测试方法

织物耐磨性的测试方法主要有两大类，即实际穿着试验与实验室仪器试验。实际穿着试验是把织物试样做成衣裤、袜子和手套等，组织适合的人员进行穿着，待一定时期后，观察与分析衣裤、袜子和手套等各部位的损坏情况，定出淘汰界限，算出淘汰率。所谓淘汰界限，就是根据实际使用要求，定出衣裤等是否能继续使用的界限。例如，裤片的臀部或膝部，一般以磨破一定程度定为淘汰界限。淘汰率，是指超出淘汰界限的淘汰件数与试穿件数之比，以百分率来表示。例如，在穿着试验中，试穿件数为 200 件，测得破损特征超过淘汰界限的淘汰件数为 25 件，则淘汰率为 12.5%。然后排出各织物试样淘汰率的秩位，根据秩位来决定织物的耐磨性能的优劣。这种穿着试验的优点是，试验结果比较符合实际穿着效果。但穿着试验花费大量人力与物力，而且试验所需时间很长，组织工作也很复杂。为了克服这些不足，所以在一定条件下，对织物在实验室进行仪器试验。织物在实际使用中，所受的磨损情况是多种多样的。衣着用织物在穿用中，有些常与操作机台、田间作物、战士武器和场地等摩擦，有些与桌椅摩擦频繁。在穿用过程中，磨损程度也有很大的差异。例如，外衣、手套、袜类等所受的摩擦作用较为剧烈，内衣所受摩擦较轻，而有的还在湿态下遭受摩擦。所以要得到正确的符合实际情况的耐磨试验结果，必须认真选择实验室的试验条件，使与实际服用条件近似。耐磨仪的种类特多，而在选用时需注意以下情况。

（一）磨损的类型

为了模拟实际穿用情况，织物试样在磨损时的状态特征可有平磨、曲磨、折边磨、动态磨与翻动磨等。

1. 平磨

平磨是对织物试样以一定的运动形式做平面摩擦，它模拟衣服袖部、臀部、袜底等处的磨损形态。织物平磨仪的种类很多，对毛织物测试时在我国与国际羊毛局规定用马丁旦尔仪。试验时将一定尺寸的织物试样在规定压力下与作为磨料的标准毛织物互相接触，并使试样以利萨如（Lissajou）轨迹相对于磨料运动，其结果使试样受到多方向的均匀磨损。当试样上出现某种破坏特征时，记下摩擦次数作为耐磨性指标。有的耐磨仪也按圆轨迹或直线轨迹运动。

2. 曲磨

曲磨是使织物试样在弯曲状态下受到反复摩擦，它模拟衣裤的肘部与膝盖的磨损状态。曲磨仪的示意图如图 3-2-1 所示。织物试样 1 的两端被夹持在上下平板的夹头 2 和 3 内，试样绕过作为磨料的刀片 4，刀片借重锤 5 给予试样一定张力。随着下平板的往复运动，试样受到反复磨损和弯曲作用，直到试样断裂为止，计取摩擦次数，或测试摩擦一定次数后的拉伸强度下降率。

3. 折边磨

折边磨是将试样对折后，对试样的对折边缘进行磨损，如图 3-2-2 所示。它模拟上衣领口、袖口与裤脚折边处的磨损状态。

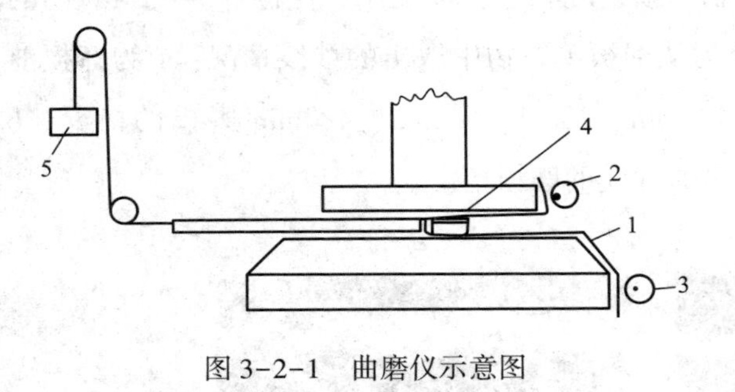

图 3-2-1　曲磨仪示意图

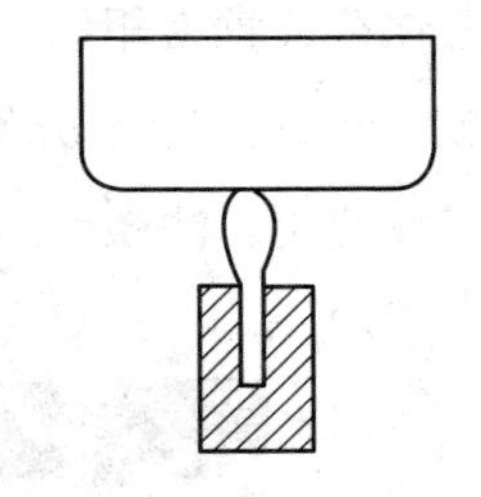
图 3-2-2　折边磨示意图

4. 动态磨

如图 3-2-3 所示，织物试样 1 夹于往复平板 2 上的两夹头内，并穿过往复小车 3 上的四只导辊。砂纸磨料 4 在一定压力下与试样相接触。试验时，平板与小车做相对往复运动，试样在动态下受到反复摩擦、弯曲与拉伸等作用。

5. 翻动磨

翻动磨示意图如图 3-2-4 所示。试验前，先将织物试样的四周用黏合剂黏合，防止边缘的纱线脱落，并称取试样重量。然后将试样投入仪器的试验筒 1 内。在试验筒内壁衬有不同的磨料，如塑料层、橡胶层或金刚砂层等。试验筒内安装有叶片 2。试验时，叶片进行高速回转，试样在叶片的翻动下连续受到摩擦、撞击、弯曲、压缩与拉伸等作用。经规定的时间后，取出试样，再称其重量，重量损失率越小，表示织物或针织物越耐磨，反之则耐磨性差。

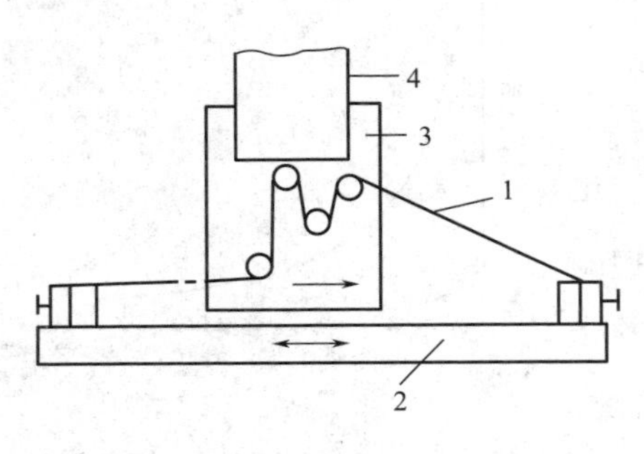

图 3-2-3　动态磨示意图

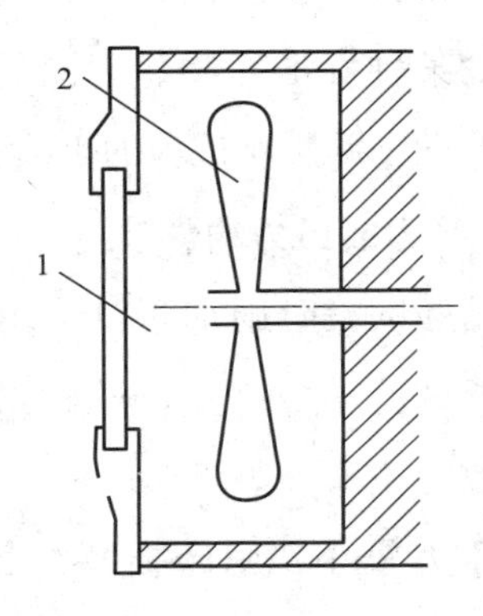

图 3-2-4　翻动磨示意图

有些试验指出，经翻动磨的织物磨损情况和经实际使用、洗涤后纱线与织物的结构变化特征较为相似。图 3-2-5 为从棉被单织物中取出的纱线情况：1 为磨损前的情况，2、3、4、5 分别为翻动磨 1min、20min、80min、480min 磨损的情况，6 为从实际使用、洗涤后的被单中取出的纱线的磨损情况。

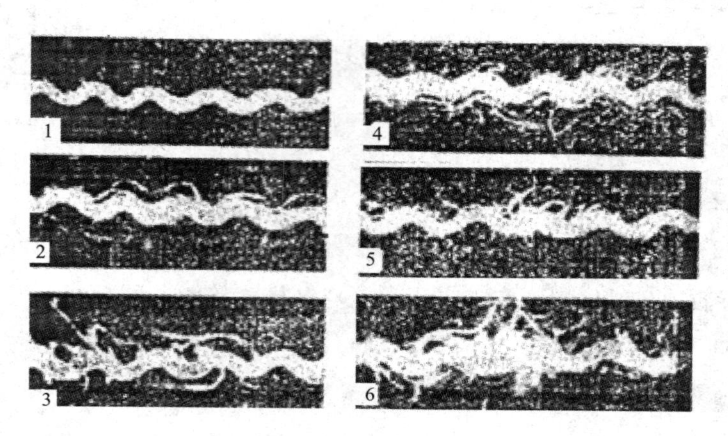

图 3-2-5　经不同时间翻动磨与经实际使用后的纱线结构变情况

（二）磨料的选用

要正确进行耐磨试验，除了合理选择不同磨损类型的仪器外，必须合理选择试验条件，其中对磨料的选用极为重要。耐磨试验所采用的磨料种类很多，有不同化学成分和不同外形的金属材料、金刚砂材料、皮革、橡皮、毛刷和各种纺织物等。其中用得最为广泛的是金属材料、金刚砂材料和选用的某种标准织物。不同的磨料将引起不同的磨损特征，并影响试验的重演性与试验时间。

（三）张力或压力的影响

耐磨试验时施加于试样上的张力或压力，也是重要试验参数之一。试验张力或压力与织物耐磨次数的关系，如图 3-2-6 所示。如果选用的张力或压力较小，则磨损特征较接近于实际情况，但试验所需时间较长；反之，张力或压力过大，试验时间虽较短，但试验状态不稳定，试验条件

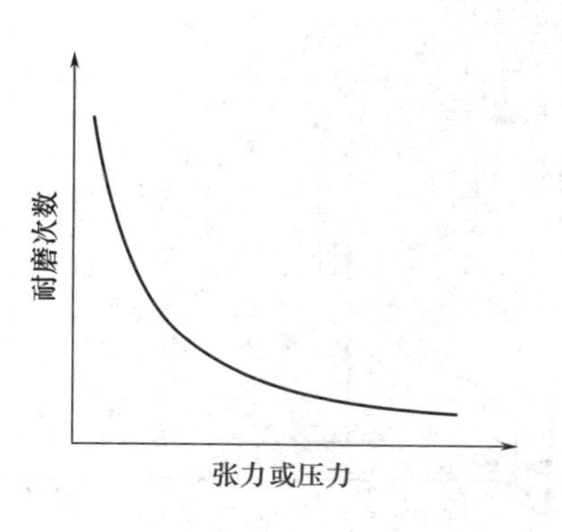

图 3-2-6　试验张力或压力与织物耐磨次数的关系

不切实际。

（四）试验环境的影响

试验时温湿度不同会影响试验结果，而且对各种纤维的影响程度不一。湿度对黏胶纤维的耐磨性有明显影响，对涤纶纤维和腈纶纤维几乎没有影响，对锦纶纤维有一定影响。如毛巾、袜子等，在使用时要受到热、湿等影响，所以有的耐磨仪器还可以在湿态下进行试验。

（五）表示耐磨性的指标

织物使用范围甚广，服用要求也不一样，因此，表达织物的耐磨性就有不同的指标。一般可分别根据织物承受一定磨损后某些性状的改变，如强度、厚度、重量、表面光泽、透气性、起毛起球以及织物中纱线断裂和出现破洞等，来表达织物的耐磨性。其中有的指标可以定量测试，有的只能用文字表达。必须指出，在整个磨损过程中，织物有些性状的改变并不一定是单向的，更不是与摩擦次数成正比或直线关系。例如，有些织物在磨损初期，厚度会随摩擦次数的增加而变大；而当摩擦次数继续增加，厚度逐渐变小。有时磨料的磨粒和织物上磨下的纤维屑填充于试样内，所以在磨损初期试样的重量非但不下降，反而稍有增加；当磨损继续进行，试样重量才降低。

表达织物耐磨性常用的指标有：以织物磨断，出现一定大小的破洞或磨断一定的纱线根数时的摩擦次数作为磨损最终点；或以织物承受一定磨损次数后的剩余强度或强度下降百分率。用磨损最终点来表达耐磨性时，由于磨损最终点的决定尚欠明确，且织物结构的不匀，磨损试验结果的离散性很大，所以测试的试样数量较多。有时为了评定某一衣裤磨损的最薄弱环节，在进行了几种磨损类型的测定后，可采用几种耐磨值的调和平均数。

尽管对耐磨性的测试方法进行了许多研究，但实验室所得的织物耐磨性指标并不能完全代表织物在实际使用时的磨损情况。实验室的测定条件与实际穿着有不同之处，例如，实验室的磨损速度就远较实际使用时的磨损速度快。更主要的是，磨损作用仅是损坏的因素之一，所占比重的大小不能作一般归纳，而且各种作用对织物是同时产生影响的，并不能视为各种作用的分别影响之和。不过，尽管这样，实验室的快速测试方法，仍有可能使我们预先估计织物的耐磨性和及时指导工艺，不断提高成品质量。

二、织物的磨损过程

织物的磨损，通常是从凸出在其表面的纱线屈曲波峰或线圈凸起弧段的外层开始，然后逐渐向内发展。当组成纱线的部分纤维受到磨损而断裂后，纤维端竖起，使织物表面起毛。随着磨损的继续进行，有些纤维的碎屑从织物表面逐渐脱落，有些纤维从纱线内抽出而局部变细，因此，织物变薄，重量减轻，组织破坏，出现破洞。最后，织物因剩余强度的下降，在受到某一突然的较大外力作用时，发生严重破坏，以致丧失继续使用的价值。织物在磨损过程中出现的各种破坏是由组成织物的纤维特性、纱线与织物的结构、染整工艺以及使用条件等因素决定的。织物是由纤维或长丝组成，所以织物的磨损可以归结为主要是织物中纤维或单丝受到机械损伤或纤维间联系的破坏。织物在磨损过程中出现的主要破坏形式可有如下四种。

1. 纤维疲劳

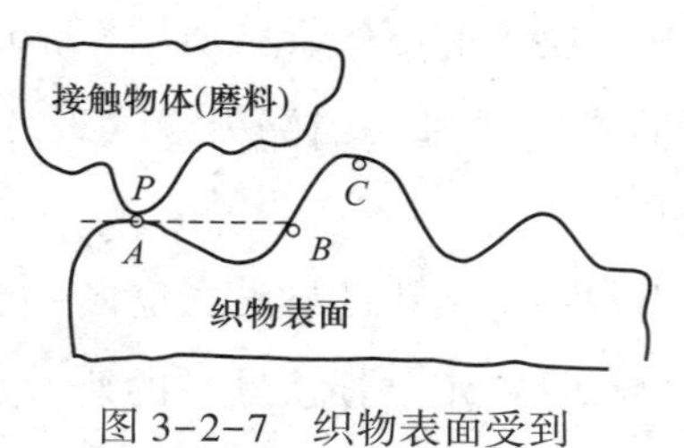

图 3-2-7　织物表面受到磨损的示意图

织物表面与所接触的各种物体表面，从微观角度来看，总是凹凸不平的。当接触物体（磨料）与织物相接触并做相对运动，物体的凸起部分 P 从织物表面的波峰 A 移到 B 处时（图 3-2-7），几乎是一种瞬时的碰撞。凸起部分 P 在 B 处能否超越波峰决定于波峰 C，决定于波峰的陡度以及该处纤维本身的伸长能力与弹性变形能力的大小。当织物的组织规格与加工条件一定时，织物的耐磨性主要与组成织物的纤维性状有关。如果织物组织不是过分紧密，纤维具有一定的强度而伸长率与弹性变形能力较大时，织物表面凸起点 C 在接触物体凸起部分 P 的撞击下能迅速地改变其陡度，受撞击的纤维片段跟随接触物体移动微量距离，从而很好地释去凸起部分对它的作用，使表面纤维避去凸起部分对它的切割损伤。由此看来，织物在服用过程中与接触物体的反复摩擦，主要是使纤维受到反复拉伸作用，纤维疲劳而致损坏。如果纤维的伸长能力与弹性变形差，纤维的耐疲劳性低，则织物的耐磨性低。

2. 纤维从织物中抽出

组织结构较松的织物，在磨损过程中，出现另一种破坏形式，即纤维片段随着磨料移动微量距离而逐渐被抽出，最后与织物分离。这种情况，以由短纤维纺成的纱所织成的织物为多。

3. 纤维的切割

由于纱线的捻度作用和纱线交织或成圈在织物中，如果织物中纤维配置得较紧密，并且外界接触物体的微粒极为细小和锐利，纤维就会受到切割作用。当纤维表面一旦被割伤，其裂口在反复拉伸与弯曲作用下，就会产生应力集中，使裂口扩大，以致最后纤维断裂。

4. 表面摩擦磨损

假如结构较为紧密的织物与表面极为光滑的磨料接触并做相对运动时，织物中纤维将受到表面摩擦所引起的磨损。在这种条件下，如果在两物体间引入一层极薄的润滑剂，创造一种“边界润滑”状态，就会使两物体间产生“边界摩擦”。边界摩擦的特点，是两物体间的外摩擦转化为润滑剂的内摩擦，使物体的摩擦系数较没有润滑条件下的干摩擦大大降低，因此，就降低了材料本身的磨损程度。

从边界润滑得到启示，如果利用一些有机合成树脂整理织物，使织物具有耐久性的边界润滑膜，就有可能提高织物的耐磨性。但必须指出，如果以金刚砂类材料作为磨料，由于磨料尖锐，则极易破坏边界润滑条件。

由上可知，织物在磨损过程中的各种破坏形式，在很大程度上是决定于磨损条件、织物结构与组成织物的纤维特性等因素。应该指出，织物在实际穿用过程中，纤维承受的作用力要复杂得多，而且织物中纱线由于交织而弯曲，纱线中纤维因加捻而扭转，有时织物本身就处于弯曲或对折状态下磨损，因此，织物在实际磨损过程中的破坏形式也远较上述讨论为复杂。

许多织物，从棉、毛外衣到针织内衣，纤维端头及局部均较普遍地出现原纤化的损坏特征。从实际使用后的棉制工作服中发现有的纤维中段散开原纤分离，在这类制品中的纤维往往被牢固地握住，从而移动的可能性较少，因而纤维遭到剧烈的摩擦磨损。但在使用中受到较为缓和磨损作用的制品，如手帕，可能出现纤维的表皮损伤特征，纤维芯部原纤尚未分离。织物经磨损后有时会出现另一种纤维破坏特征，即与纤维轴成直角的横向断裂，图 3-2-8 所示为从穿坏了的棉制府绸衬衣中取出的纬纱，由于纬纱被经纱保护没有受到直接的摩擦磨损，而遭到反复弯曲疲劳，呈现折断状。

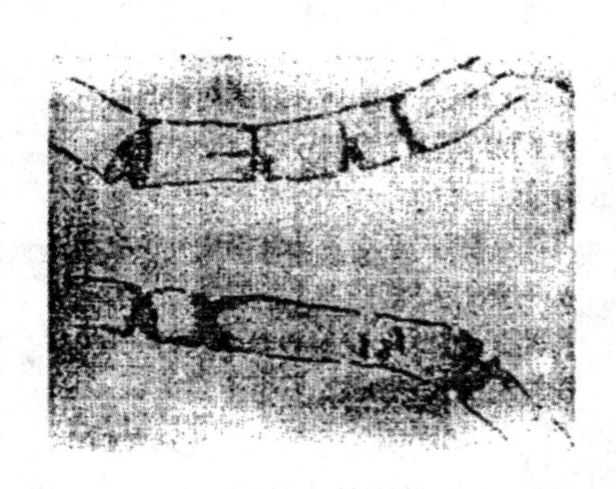

图 3-2-8　与纤维轴成直角的横向断裂特征

对穿旧的精纺毛织物长裤中取出的毛纤维在扫描电镜下进行观察，发现毛纤维有四种典型的破坏特征：

（1）毛纤维表面的鳞片层经磨损而被剥离，这是实际穿着时毛纤维破坏的第一阶；

（2）原纤结构随鳞片层磨去皮质细胞局部分离，这可看作为毛纤维损坏的第二阶段；

（3）纤维端部磨损成钝圆形，这是在遭到长时期的磨损但磨损作用缓和的部位，如裤脚边、地毯端头等；

（4）横向发生断裂，这种断裂特征极为少数，有的与重复弯曲疲劳有关。

三、影响织物耐磨性的因素

影响织物耐磨性的因素很多，下面就纤维的力学性能与形态尺寸、纱线与织物的结构以及树脂整理方面加以讨论。

（一）纤维的力学性能与形态尺寸的影响

1. 纤维力学性能的影响

纤维的拉伸、弯曲与剪切性能对织物耐磨性的相对重要性随组织结构与使用条件不同而不同。由于纤维的形态与柔软特性，在一般情况下，纤维主要承受拉伸应力，所以纤维的拉伸性能在力学性能中尤为重要。在磨损过程中，纤维承受着反复应力，但这种应力远比断裂应力小，所以纤维在反复拉伸中的变形能力大的，具有较好的耐磨性。纤维在重复拉伸中的变形能力决定于纤维的强度、伸长率与弹性能力。强度大、伸长率大的纤维，拉伸曲线下的面积大，因此，能储存较多的拉伸变形能。弹性能力大的纤维，在反复拉伸后拉伸曲线的形状改变小，即变形能力的降低程度小。除纤维的拉伸性能外，纤维的弯曲性能与剪切性能对耐磨性也有影响。

以一些主要纺织纤维的耐磨性为例分析。虽然玻璃纤维的强度很大，硬度很高，但伸长率极低，性脆，因此，玻璃纤维的耐磨性甚差；黏胶纤维和醋酯纤维在一次拉伸时的断裂功较大，但由于这两种纤维尤其是黏胶纤维的弹性较差，结果使它们多次拉伸后的断裂功明显下降，所以耐磨性很差；羊毛纤维虽然强度不高，但它的伸长率与弹性十分大，多次拉伸后的断裂功降低甚少，因此，在作用不过分剧烈的某些条件下，羊毛的耐磨性相当好。所以纤维的伸长率与弹性对耐磨性的影响是很大的。

锦纶和涤纶的断裂功大，弹性恢复能力高，所以它们的耐磨性十分优异。图 3-2-9 表示黏胶纤维分别与锦纶、涤纶和腈纶三种合成纤维混纺的织物耐磨性。

图 3-2-10 表示棉分别与锦纶、涤纶和腈纶三种合成纤维混纺织物的耐磨性。从图可见，锦纶的耐磨性优于涤纶，涤纶又优于腈纶。一般认为，腈纶的耐磨性属中等，同时腈纶的耐磨性随纤维制造条件的不同有很大差异。

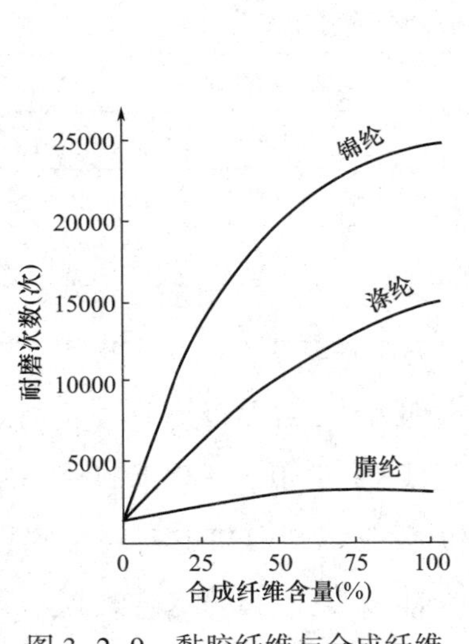

图 3-2-9　黏胶纤维与合成纤维混纺织物的耐磨性

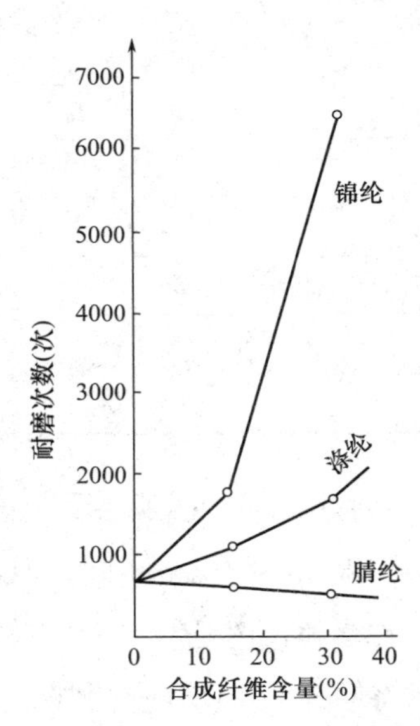

图 3-2-10　棉与合成纤维混纺织物的耐磨性

图 3-2-11 表示涤/腈/黏三合一混纺时织物的耐磨性。图中三角形的三顶点表示纯纺织物，三角形底边为两种成分的混纺织物，三角形中各点表示三种纤维不同混纺比的织物。例如，点 1 表示织物中纤维含量，涤纶为 25%，腈纶为 50%，黏纤为 25%；点 2 表示涤纶为 50%，腈纶为 25%，黏纤为 25%。三角形底上各点的高度代表各种织物的耐磨性，各点的高度形成一曲面。

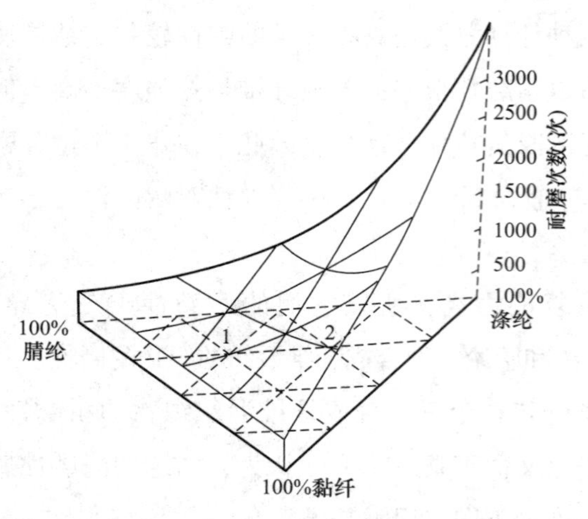

图 3-2-11　涤纶、腈纶与黏胶纤维三合一混纺织物的耐磨性

目前某些针织物的“三口”（领口、袖口、裤口）采用腈纶加固，棉袜采用锦纶夹底或采用棉/锦混纺纱，这些可显著提高织物的耐磨性。由于维纶、丙纶比棉有较大的变形能力，棉/维混纺织物的耐磨性试验结果见表 3-2-1。试验在圆盘平磨仪上进行，每个试验方案试 20 块试样，加压为 9.8N，取在试样上出现相邻两根纱被磨断时的摩擦次数为试验最终点。

表 3-2-1　棉/维混纺比与织物的耐磨性

不同棉/维混纺比织物	耐磨次数（次）
100/0 织物	168
67/33 织物	208
50/50 织物	237
33/67 织物	257

衣着用织物在实际服用过程中，不仅受到机械磨损，还经常受到日晒、洗涤等作用，曾把织物规格相同，但混纺比分别为 50 棉/50 丙与 50 棉/50 维的两种细布做成衬衫和长裤进行穿着试验，将由棉/丙织物和棉/维织物对拼的衬衫给农民穿用，将同样对拼而长裤给邮递员穿用，结果衬衫大都是棉/丙织物衣片先损坏，而长裤则大都为棉/维织物裤片先损坏。这可以说明，由于农民穿用的衬衫除受机械磨损外，还长期曝晒，而丙纶有不耐晒的缺点，所以棉/丙织物衣片先损坏，邮递员穿用的长裤，由于主要承受机械磨损，所以棉/丙织物裤片反比棉/维织物裤片为牢。为了改善丙纶织物的日晒老化，可以在纺丝液中加入适当的金属盐，使丙纶的防老化性提高。几种织物日晒一个月后的剩余强度百分率，见表 3-2-2。从上面的分析来看，不同纤维的织物应根据不同的服用条件合理使用。

表 3-2-2　几种织物的耐晒性

织物名称	日晒一个月后的织物剩余强度（%）
丙纶织物	32
棉织物	54
维纶织物	73
加金属盐的丙纶织物	59

2. 纤维形态尺寸的影响

纤维的形态尺寸，如纤维长度、细度和断面形态等，对织物的耐磨性也有影响。因为纤维的形态尺寸与纤维在纱线中附着力的强弱有关，也和磨损时纤维中所产生的应力大小有关。纱线中只要有极少量的纤维分离，纱线结构就会变得松散，纱线继续在外力作用下，将很快地解体，最终降低织物的耐磨性。

在同样的纺纱条件下，较长的纤维比较短的纤维在纱线内产生相对移动较为困难，因此，就难于从纱线中抽出；另外，由于较长纤维纺成的纱线，其强度、伸长率和耐疲劳等力学性能好，这对织物耐磨性是有利的。这也是中长纤维织物有较好耐磨性能的原因之一。实践证明，精梳棉纱织物不但外观上优于普梳棉纱织物，而且前者的耐磨性也优于后者，因为在精梳棉纱中排除了许多在原棉中存在的短绒，在同样条件下，长丝织物的耐磨性优于短纤维织物。

较细的纤维纺成的纱线，其强度、伸长率与耐疲劳性好。但纤维过细，在磨损过程中即使是较小的作用力，也可以引起很大的内应力，使纤维容易损坏。如果纤维过粗，则纤维与纱线的抗弯性能差，并且由于纱线中纤维根数过少而使纤维间抱合力弱，这将不利于织物的耐磨性。因此，关于纤维细度的选择，应该是在保持足够的单纤维拉伸强度与剪切强度条件下，使纤维细度提高。有些资料说明，以取2. 2~3. 3dtex 的纤为宜。

3. 原棉等级的影响

关于原棉的等级是否影响织物的耐磨性，是值得讨论研究的问题。曾对五种不同等级的原棉进行单唛试纺，再加工成同样规格的织物，又将坯布经煮练、漂白、丝光、柔软剂处理等染整加工，对各工序的试样进行试验，试验结果见表 3-2-3。

表 3-2-3 中耐曲磨的秩位总数，是指坯布、煮练后织物、漂白后织物、丝

光织物、成品、轧柔软剂后织物以及洗去柔软剂后织物等七种试样耐曲磨的位数之和。由表可知，原棉等级越高，织物的耐曲磨性能越好。这可能是由于原棉等级高时，棉纤维成熟度好，力学性能良好，细度适中且短绒少等因素的作用。

表 3-2-3 原棉等级与织物耐磨性

原棉等级	织物耐曲磨的秩位总数（经向）	织物耐曲磨的秩位总数（纬向）
1 级	16	15
2 级	19	14
3 级	20	21
4 级	20	22
5 级	30	23

（二）纱线与织物的结构对织物耐磨性的影响

如果纱线与织物的结构选择不当，即使耐磨性优良的纤维也不能织成耐磨性优良的纱线与织物；反之，选择适当的纱线与织物结构，就能够利用耐磨性较差的纤维织成耐磨性能较好的织物。

1. 纱线捻度的影响

纱线捻度对耐磨性的影响与对强度的影响相似。随着捻度的加大，耐磨性提高。但捻度到达极大值后，耐磨性逐渐下降。因为纱线加捻过多时，纱线变得刚硬，不易压扁，摩擦时接触面积小，结果使局部应力增加，纱线较早地损坏，所以不利于织物的耐磨性。加捻过多时，附加在纤维上的应力大，纤维在纱线中缺少适当的移动余地，这对耐磨性也不利。捻度与纱线直径有关，捻度小，直径大，因而织物紧度大，也即磨损支持面积大，所以有利于耐磨性；但捻度过小时，纤维在纱线内束缚较差，纱线结构不良，纤维易分离。因此，捻度适中时耐磨性最好。应该指出，经常洗涤的织物，如果纱线捻度偏低则不利于织物的耐洗牢度。

对经、纬纱线密数为 29tex×29tex（20 英支×20 英支）的中平布曾进行过不同捻系数的耐磨试验。经纱取三档，纬纱取四档，交织成经纬纱捻系数不同的十二种织物，见表 3-2-4。

表 3-2-4　捻系数的组合方案

经纱捻系数×纬纱捻系数	经纱捻系数×纬纱捻系数	经纱捻系数×纬纱捻系数
370×345	344 ×345	335×345
370×332	344×332	335×332
370×317	344×317	335×317
370×298	344×298	335×298

大面积生产使用的经纬纱线密度捻系数为 335×317（英制捻系数为 3.53×3.34）。试验在往复式平磨仪上进行，结果见表 3-2-5。从试验结果看，大面积生产使用的经纬纱捻系数从平磨方面来看是可取的。

表 3-2-5　纱的捻系数与织物的耐磨性

经 300 次摩擦后在 5cm×18cm 试样中经纬纱的合计断裂根数					
沿经向			沿纬向		
54	39	17	94	57	34
46	26	13	97	63	32
37	25	17	80	44	32
33	17	18	83	51	31

2. 纱线直径的影响

直径较粗的纱线含有较多的纤维，在磨损时要有较多根纤维断裂后纱线方才解体，所以有利于织物的平磨。特别是当纤维本身的强度与耐磨性较差时，效果更为突出。例如，将黏胶纤维再适当混入少量锦纶，纺成较粗的纱线，加工成较厚的毛型织物，还是能获得较好的耐磨性。股线与单纱相比，一般在平磨情况下，股线的耐磨性优于单纱。

3. 织物单位面积重量的影响

不论是精梳毛织物还是粗疏毛织物，不论是单面纬编织物还是双面纬编织物和经编织物，对同一类织物来说，织物单位面积重量对耐平磨的影响是极为显著的，耐磨性几乎随织物的重量成线性增长。但各类织物的单位面积重量对耐磨性的影响是不同的，针织物的耐磨性一般要比相同单位面积重量的机织物低。

表 3-2-6 表示一组公制支数为 27 公支/2×27 公支/2 的 2/2 斜纹精梳毛织物的耐磨性与织物单位面积重量的试验资料，试验时用某种标准毛织物作为磨料。

表 3-2-6　织物单位面积重量对织物耐磨性的影响

织物单位面积重量（g/m²）	耐磨性	
	经 1000 次磨损后重量损失（mg）	试样上出现两根以上纱线断裂时的摩擦次数（次）
254	1.35	35000
230	1.93	20000
186	2.67	17000

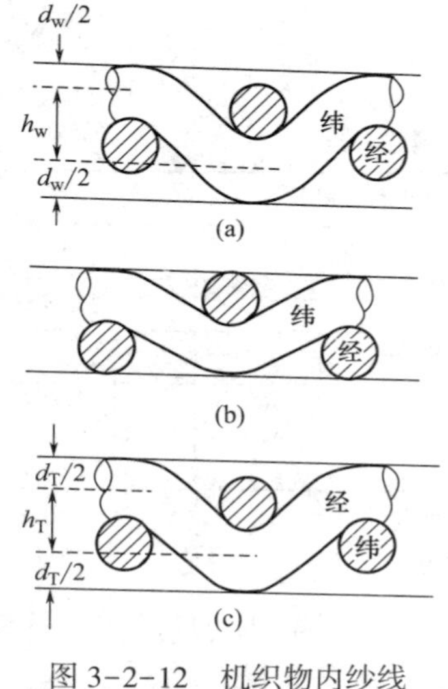

图 3-2-12　机织物内纱线弯曲的三种类型

4. 织物支持面的影响

织物磨损程度同织物和磨料的实际接触面积（即织物的支持面）以及这些接触面上的局部应力大小有关。织物与磨料的实际接触面积又同纱线在织物内的弯曲波高和纱线直径、织物密度、织物组织以及纱线浮长等结构因素有关。从机织物与外界物体接触的状态来看，机织物内纱线的弯曲可有三种典型情况：第一种是纬纱呈现在织物表面，而经纱被覆盖在织物里面，如图 3-2-12（a）所示；第二种是经纬纱同时露在织物的同一平面内，如图 3-2-12（b）；第三种是经纱浮在织物表面，而纬纱被覆盖在织物里面，如图 3-2-12（c）。在磨损时，第一种结构的织物，纬纱比经纱先受到磨损；第三种结构的织物，经纱比纬纱先受到磨损；第二种结构的织物，经纬纱同时受到磨损。哪一系统的纱线突出于织物表面组成支持面，决定于纱线在织物中的弯曲波高和纱线直径之和。设 d_T、d_w 分别为经纬纱线的直径，h_T、h_w 分别为经纬纱线弯曲波高，则从图 3-2-12 可以看出，当 $(h_T+d_T) > (h_w+d_w)$ 时，经纱将被覆于织物表面；当 $(h_T+d_T) < (h_w+d_w)$ 时，纬纱被覆于织物表面；当 $(h_T+d_T) = (h_w+d_w)$ 时，经纬纱在织物同一平面上。实际穿着试验结果，证明了上述的分析。由经纱构成支持面的织物，经穿用后经纱均遭严重磨损，经纱浮点的波峰被削平，在破洞处经纱被断裂，纬纱则很少损伤，甚至相当完整，因此，破洞的形状呈横向裂口。

5. 织物密度的影响

织物与所接触物体（磨料）的实际接触面积增加，则接触面上的局部应力减少。把织物内各纱段与磨料实际接触的部分称为支持点，若每一个支持点的面积变化不大而织物单位面积内的支持点多，则织物与磨料接触面上局部应力必将减弱，使磨损程度减小。如果是经面织物，则织物单位面积内的支持点数目决定于经纱密度，同理，纬面织物则决定于纬纱密度。其次，若其他因素保持不变，而织物密度增加，则单位面积内纱线的交织数增加，纤维所受束缚点增加，纤维就不易从磨损过程中被抽出。因此，织物密度对耐磨性的影响是明显的。

将六种不同规格的 14tex×2×28tex（42 英支/2×21 英支）卡其织物做成裤子，进行穿着试验，这些卡其织物的密度见表 3-2-7。穿着试验后，臀、膝部淘汰率及裤边淘汰率，分别见表 3-2-8 与表 3-2-9。

表 3-2-7　织物密度的设计方案

织物编号	织物组织	经纬密度（根/10cm）
1	3/1 单面卡其	487 × 272
2	3/1 单面卡其	615 × 275
3	3/1 单面卡其	543 × 275
4	2/2 双面卡其	487 × 272
5	2/2 双面卡其	615 × 275
6	2/2 双面卡其	543 × 275

表 3-2-8　织物密度与织物臀、膝部淘汰率

穿着天数（天）	各编号织物的臀、膝部淘汰率（%）					
	1 号	2 号	3 号	4 号	5 号	6 号
199	16.1	13.6	12.5	22.1	18.6	17.5
273	47.4	35.3	21.0	61.5	60.0	44.0

表 3-2-8 表明，不论是 3/1 单面卡其或 2/2 双面卡其，在试验范围内，经向密度大的织物做成裤子臀、膝部的淘汰率都较经向密度小的织物做成裤子臀、膝部的淘汰率小。

但应该指出，为了增加织物与磨料的接触面，不能仅从增加织物的密度着手。要保持织物必要的柔软性，才有利于织物的耐磨性。如果织物密度很高，而选择的织物组织又不恰当，以致纱线的浮长较短，使支持点形成刚硬的结节点，那么在磨损过程中，织物内纤维相互挤压而影响一定的相对移动，就会造成应力集中，从而织物遭到损坏。

表 3-2-9 织物密度与织物裤边淘汰率

穿着天数（天）	各编号织物的裤边淘汰率（%）		
	1号	2号	3号
273	77	81	82
348	85	83	90
440	90	9S	98

从表 3-2-9 可知，密度大的织物，裤边淘汰率大；密度小的织物，裤边淘汰率小。

针织物的密度对耐磨性的影响也是显著的。针织物的密度增加，就意味着线圈长度缩短，织物表面的支持面增大，故可减少接触面上的局部摩擦应力，提高针织物的耐磨性。

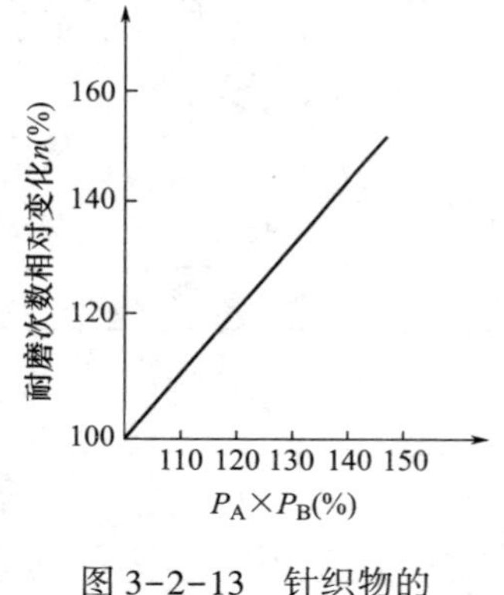

图 3-2-13 针织物的总密度与耐磨性

图 3-2-13 为罗纹针织物总密度（纵密 P_A×横密 P_B）的相对变化（%）与耐磨次数相对变化 n（%）之间的关系。由图可得，总密度的相对变化与耐磨性的相对变化呈明显的线性关系。

6. 织物组织的影响

织物组织也是影响耐磨性的重要因素之一。一般地说，在经纬密度较低的疏松织物中，平纹组织织物的交织点多，纤维附着牢固，有利于耐磨性。但是在较紧的织物中，在同样的经纬密度条件下，则斜纹组织与缎纹组织织物的耐磨性比平纹组织织物的好。因为这时在斜纹与缎纹织物结构中，纤维附着已相当牢固，而平纹织物由于纱线浮长较短，常容易造成支持点上应力集中。如果浮长较长，则在磨损时可以通过纱线的适当移动，使应力集中缓和。例如，受机械作用较剧烈而频繁的外衣织物，结构常较紧密，并且纱支较粗。实际服用表明，在这种织物中，平纹组织织物的耐磨性最差，斜纹组织织物较好，缎纹组织织物最好。从上面卡其织物的穿着试验中可知，在相同经纬密度条件下，3/1 单面卡其，臀、膝部的淘汰率比 2/2 双面卡其小。除去 3/1 单面卡其比 2/2 双面卡其较大支持面外，3/1 单面卡其纱线浮长大于 2/2 双面卡其也是原因之一。

对 65 涤/35 棉、13tex×2×28tex×531.5 根/10cm×275.5 根/10cm（45 英支/2×21 英支×135 根/英寸×70 根/英寸）卡其曾进行实验室动态磨试验，也说明单面卡其的耐磨性有优于双面卡其的趋势。试验数据见表 3-2-10。

表 3-2-10 几种织物的动态磨试验结果

织物规格	动态摩擦次数
65 涤/35 棉，2/2 双面卡其	321
3/1 单面卡其	349
纯棉、2/2、14tex×2×28tex×511.5 根/10cm×275.5 根/10cm（42 英支/2×21 英支×130 根/英寸×72 根/英寸）卡其	268

为了充分利用纺织原料，发挥织物组织的功能，提高织物的耐用性能，以同样的黏胶纤维作为原料，设计了 15 种不同组织织物（其中包括平纹、斜纹、方平和各种绉组织），并进行穿着试验。结果表明，过分松或过分紧的结构都不利于织物的耐磨性，被广泛应用的斜纹组织与有些绉组织织物具有较小的淘汰率。由此可知，即使原料相同，不同织物组织对服用期限也是有影响的。

关于织物结构的松紧程度对织物的几项耐用特性（拉伸强度、撕裂强度与耐磨性）的影响，曾先后讨论过。如果组成纤维的成分、织物的后整理等保持一定，则织物结构的松紧程度可以大体归纳为表 3-2-11 的规律。由表可知，织物结构的松紧程度必须根据织物的用途和外表受力特征加以设计。

表 3-2-11 织物结构与几项耐用性的关系

织物结构	拉伸强度	撕裂强度	耐磨性
较松	低	高	低
适中	中	中	高
较紧	高	低	中

针织物的组织结构对耐磨性有很大影响。表 3-2-12 和表 3-2-13 是几种不同组织针织物的耐磨性试验结果。

从表 3-2-12 可看出，所用原料虽然相同，但由于组织结构不同，耐磨性相差很大。其中纬平组织织物的耐磨性最好，因为纬平组织与罗纹及半畦编组织相比，织物表面比较平滑，而且支持面大，能够承受的摩擦应力也大。

由表 3-2-13 可知，1+1 罗纹组织针织物和以罗纹为基本组织的双面凹凸组织针织物的耐磨性较好，而提花组织针织物由于线圈被拉长（色纱数越多，正面线圈被拉得越长），故耐磨性较差。耐磨性最差的是完全双色提花组织针织物，因为它容易脱散。

表 3-2-12　针织物的组织结构与耐磨性的关系（一）

棉纱线线密度	组织	纵向密度（根/cm）	横向密度（根/cm）	耐磨次数
48.6tex（12 英支）	纬平	20.8	30.4	2230
48.6tex（12 英支）	罗纹	23×2	36.8×2	600
48.6tex（12 英支）	半畦编	14.8×2	28.0×2	430

表 3-2-13　针织物的组织结构与耐磨性的关系（二）

针织物组织	$1m^2$ 克重 G（g）	耐磨次数 n（次）	n/G
双面凹凸组织	363	2150	5.93
架空添纱提花组织	357	1830	5.13
不完全三色提花组织	347	1640	4.71
1+1 罗纹组织	300	1590	5.80
完全双色提花组织	272	850	3.13

（三）树脂整理对织物耐磨性的影响

由于黏胶纤维、棉等纤维素纤维的弹性差，因此，由这类纤维制成的衣着用或床单等生活用织物，最好进行树脂整理，将纤维适当增强表面并互相黏结以改善织物的弹性等服用性能。但树脂整理后，纤维的伸长率与强度降低，仪器试验的织物耐磨性明显下降。但是有些试验指出，在实验室磨损试验较为剧烈的条件下，如果选用较大的压力，则经树脂整理后织物的耐磨性不及整理前；如果所用的压力逐渐减小，则整理前后织物的耐磨性差异渐趋缩小；在压力降低到某一值时，则整理后织物的耐磨性反而比整理前高。其原因可能是：虽然纤维的强度、伸长率与弹性等力学性能都影响着纤维和织物的耐磨性，但影响的程度在不同的磨损试验条件下并不一致。当试验条件较为剧烈时，纤维的强度和伸长率等因素对织物耐磨性的影响较为突出；相反，在试验条件较为缓和时，纤维的弹性、拉伸恢复功等因素对织物耐磨性的影响较为突出。因此，当压力降低到某一值时，整理后织物的耐磨性有可能反比整理前高。此外，织物经树脂整理后，还可能减少纤维端露出于织物表面，这也有利于织物的耐磨性。从用旧的棉织物中取出的纱线观察，可以发现经整理后的棉织物中的纤维仍能较好地保持在成纱结构中，如图 3-2-14 所示。

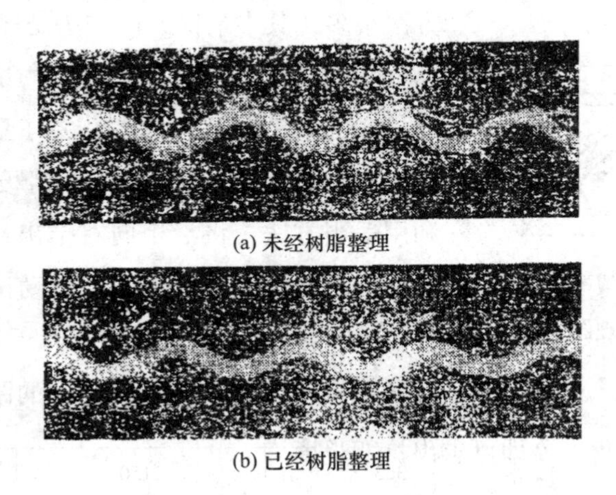

(a) 未经树脂整理

(b) 已经树脂整理

图 3-2-14　从整理前后棉织物中抽取出的纱

实践证实，如用 0-氯酚处理，可以显著提高毛织物的耐磨性。这可能因为 0-氯酚起到增强毛纤维皮层细胞间的黏结作用，使纤维在断裂前要经过较长时期沿纤维轴向的分劈，故破坏后毛纤维呈现沿纵向劈裂的特征。

第三节　织物的刚柔性与悬垂性

一般衣着用织物，除了花色要符合消费要求外，内衣织物需要具有良好的柔软特性，外衣织物服用时要保持必要的外形和美观，并具有一定的刚度和悬垂性。织物在使用过程中受到多次搓揉，且在衣服的肘部、膝部发生起拱而产生塑性变形，形成不规则的皱痕与残留的起拱变形，这不仅有损衣服的外观，而且会降低耐用性。因此，织物也应具有良好的抗皱性与变形回复能力。织物的刚柔性、悬垂性、抗皱性与起拱，一般可统称为织物的弯曲性能。

一、刚柔性

1. 刚柔性的测定方法

织物的刚柔性是指织物的抗弯刚度和柔软度。织物抵抗其弯曲方向形状变化的能力，称为抗弯刚度。抗弯刚度常用来评价相反的特性——柔软度。刚柔性的测定方法很多，其中最简易的方法是斜面法。

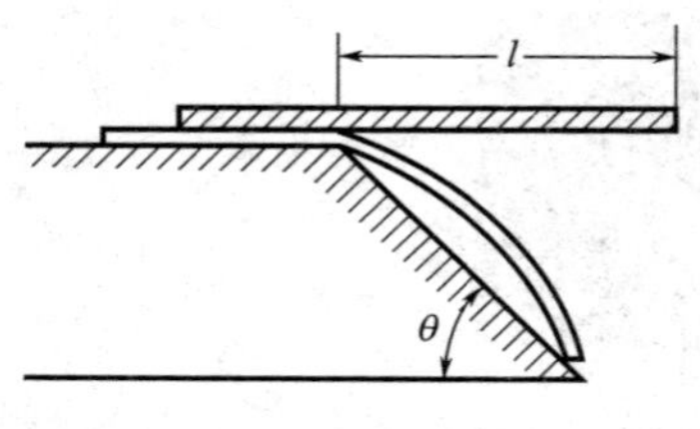

图 3-3-1　织物刚柔性测定仪原理图

斜面法是取一定尺寸的织物试条，放在一端连有斜面的水平台上，如图 3-3-1 所示。在试条上放一滑板，并使试条的下垂端与滑板端平齐。试验时，利用适当方法，将滑板向右推出，由于滑板的下部平面上附有橡胶层，因此，带动试条徐徐推出，直到由于织物本身重量的作用而下垂触及斜面为止。试条滑出长度 l 可由滑板移动的距离得到，从试条滑出长度 l 与斜面角度 θ 即可求出抗弯长度 C，单位为 cm。

$$C=l\cdot f(\theta)=l\cdot\left(\frac{\cos\frac{1}{2}\theta}{8\mathrm{tg}\theta}\right)^{\frac{1}{3}} \tag{3-3-1}$$

抗弯长度有时称为硬挺度。在一定的斜面角度 θ 时，滑出长度 l 越大，表示织物越硬挺；或者滑出长度 l 一定时，斜面角度 θ 越小，表示织物越硬挺。为了试验方便起见，一般固定斜面角度，如取 $\theta=45°$，那么根据计算，抗弯长度 $c=0.4871$。C 是表示织物刚柔性的指标，数值上等于单位宽度的织物，单位面积重量所具有的抗弯刚度的立方根，抗弯刚度数值越大，表示织物越硬挺、不易弯曲，除抗弯长度外，也可用弯曲刚度 B（单位为 cN · cm）与抗弯弹性模量 q（单位为 $\mathrm{N/cm^2}$）表示有关织物的弯曲性能，它们分别可由抗弯长度求得：

$$B=9.8G\times(0.487\cdot l)^3\times10^{-5} \tag{3-3-2}$$

$$q=\frac{117.6B}{t^3}\times10^{-3} \tag{3-3-3}$$

弯曲刚度 B 是单位宽度的织物所具有的抗弯刚度，弯曲刚度越大表示织物越刚硬，弯曲刚度随织物厚度而变化，其数值与织物厚度的三次方成比例。试验结果表明，以斜面法测得的结果与手感评定织物硬挺度所得的结果有良好的一致性。以织物厚度的三次方除弯曲刚度，即得抗弯弹性模量 q，它是说明组成织物的材料拉伸和压缩的弹性模量，抗弯弹性模量数值越大，表示材料刚性越大，不易弯曲变形，它与织物的厚度无关。

织物的刚柔性与弯曲变形回复能力，现在也可用织物风格仪进行测定。在试验时可取一定尺寸（50mm×50mm）的试样，在对弯成竖向瓣形环后用夹钳夹持，用一平面压板从竖向环顶上逐渐下压，如图 3-3-2 所示。当竖向环顶端受到规定初压力时开始检测其位移。随着下压位移的不断增加，瓣形环两侧的弯曲应力与变形逐渐增大。由于织物内部的摩擦损耗与塑性变形，试样在受压弯曲与去压回复过程中竖向环顶端的应力 P 与位移形成滞后曲线，如图 3-3-3 所示。在弯曲滞后曲线中部线性区域，其斜率越大，表示织物的弯曲刚性越大；滞后值越小，表示织物的手感越活络，弹跳感越好。织物的抗弯性能用活泼率 L_P、弯曲刚性 S_B、弯曲刚性指数 S_{BI} 与最大抗弯力 P_{max} 指标表示。

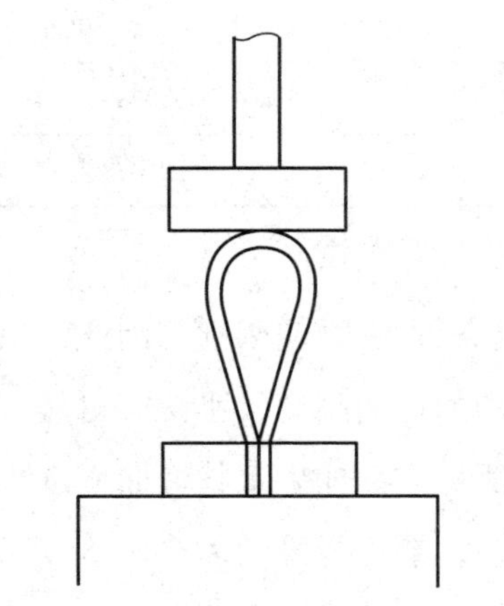

图 3-3-2 织物风格仪弯曲试验示意图

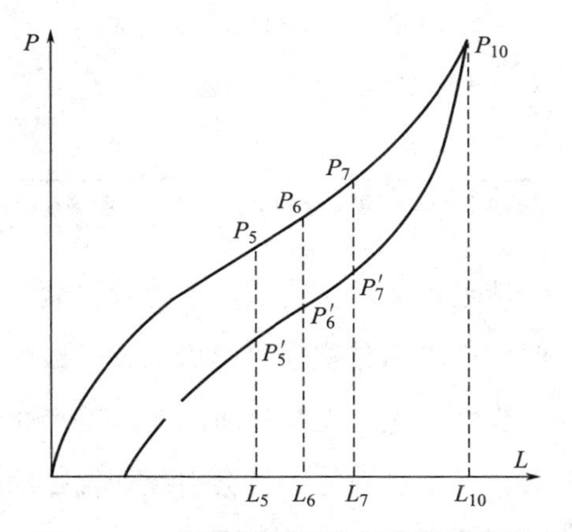

图 3-3-3 竖向瓣形环的弯曲滞后曲线

2. 影响刚柔性的因素

织物的弯曲刚度取决于组成织物的纤维与纱线的抗弯性能以及结构，并且随着织物厚度的增加而显著提高。针织物具有较大的柔软性，与针织物比较起来，同样厚度的机织物具有较大的弯曲刚度。织物的弯曲刚度又与织物的组织和紧度有关。

在其他条件相同的情况下，机织物平纹组织较刚硬。随着织物中纱线浮长增加，经纬纱间的交织点减少，织物弯曲刚度降低，布身柔软。在经向（或纬向）紧度一定的条件下，纬向（或经向）弯曲刚度值一般与纬向（或经向）紧度成正比。经向紧度和纬向紧度引起的织物刚柔性的变化，结果是近似的。由此可见，纤维之间及纱线之间的摩擦效应对织物弯曲刚度、身骨起积极作用，在紧度接近的情况下，纱线细的织物，弯曲刚度值较小。在实物质量评比时，弯曲刚度大的织物，手感硬挺，弯曲刚度小的织物，手感柔软。

根据涤/腈、涤/黏中长纤维产品的试验结果，织物的弯曲刚度除与织物的规格有关外，染整工艺与织物原料也有很大的影响，松式染整加工所得织物的弯曲刚度较紧式加工的小；纯毛织物的弯曲刚度较涤/腈、涤/黏织物的弯曲刚小。表3-3-1为几种中长纤维织物与纯毛织物的弯曲刚度。

表3-3-1 几种中长纤维织物与纯毛织物的弯曲刚度

织物品种	染整加工方式	织物弯曲刚度①（cN · cm）
涤/腈，涤/黏（树脂推理）凡立丁	紧式	0. 118~0. 245
涤/腈、涤/黏（树脂整理）凡立丁	松式	0. 098~0. 147
纯毛凡立丁	松式	0. 078 左右

①此处织物弯曲刚度应以经、纬向弯曲刚度的几何平均数计算，由斜面法测得。

纯毛织物的实物质量手感较柔软，而涤/腈或涤/黏织物较刚硬，因此，织物的弯曲刚度指标与实际手感概念是一致的。纯毛织物的弯曲刚度较小，同时具有良好的抗皱性，这是毛织物所固有的毛型感特征的重要标志。如果织物弯曲刚度小，变形大，又不易回复，就会引起如黏胶织物那样飘荡，缺乏身骨的风格。所以织物的刚柔性要求有适宜的范围。

在织物规格接近的条件下，毛织物的弯曲刚度小与纤维的初始模量有关。纤维的初始模量可反映出织物的柔软感。在天然纤维中，羊毛的初始模量比较低，具有柔软的手感；麻类的初始模量较高，织物手感刚硬；棉花的初始模量中等，手感居中。在人造纤维中，醋酯纤维的初始模量比黏胶纤维小，因此，醋酯纤维织物与黏胶纤维织物相比，有手感柔软的特点。在合成纤维中，锦纶与涤纶、腈纶相比，具有较低的初始模量，反映在织物手感上也是锦纶织物较为柔软。图 3-3-4 与图 3-3-5 表示锦纶与腈纶、锦纶与黏胶纤维在不同混纺比下，织物抗弯长度的变化强度。

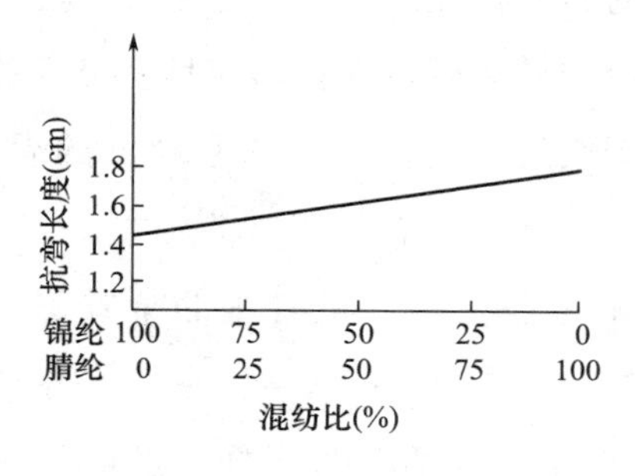

图 3-3-4　锦纶与腈纶混纺织物抗弯长度与混纺比的关系

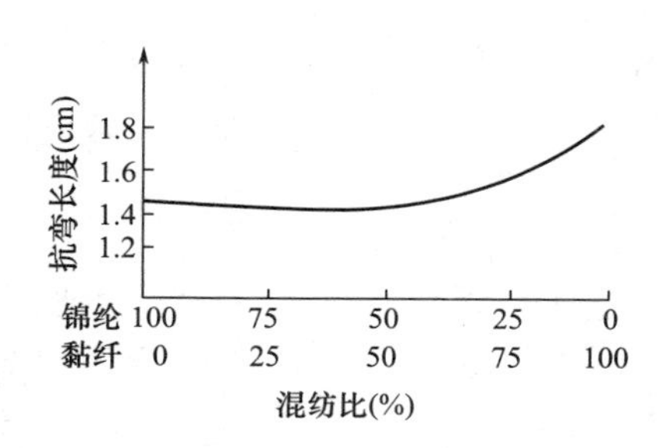

图 3-3-5　锦纶与黏胶纤维混纺织物抗弯长度与混纺比的关系

涤纶织物在较高温度下会逐渐变硬发脆，温度更高时还将严重影响涤纶织物的耐穿牢度。从图 3-3-6 可知，定形温度与织物抗弯长度呈直线关系。温度越高，织物越硬板。因此，涤纶织物在进行烧毛、染色、定形等染整工艺时，要严加控制温度；但如果温度太低，也将影响定形等工艺效果。

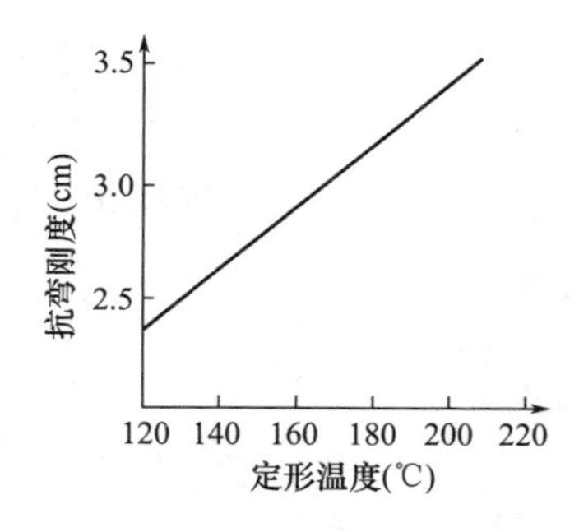

图 3-3-6　涤纶织物的定形温度与织物抗弯长度的关系

织物的刚柔性可用机械与化学整理方法加以改变。要提高织物的硬挺度，可以进行硬挺整理。织物的硬挺整理，是利用一种能成膜的高分子物质制成的整理浆液，黏附于织物表面上，干燥以后，织物就有硬挺和光滑的手感。整理浆液是由浆料、填充剂等配合组成。要改善织物的柔软性，可以采用柔软整理。织物的柔软整理，可分机械整理和柔软剂整理。机械整理，是利用机械的方法，在张力状态下将织物多次揉搓，即能改善织物的柔软性。如果定形温度略偏高而造成织物的刚性偏大，可以利用机械柔软整理方法加以改善。柔软剂整理，是利用柔软剂的作用，减少织物中纱线间或纤维间的摩擦阻力以及织物与人手之间的摩擦阻力。柔软剂的种类很多，表面活性剂是用得较广泛的一类。

二、悬垂性

织物在自然悬垂下能形成平滑和曲率均匀的曲面特性，称为良好的悬垂性。某些衣着用或生活用织物，特别是裙类织物、舞台帷幕、桌布等，都应具有良好的悬垂性。悬垂性直接与刚柔性能有关。弯曲刚度大的织物，悬垂性较差。

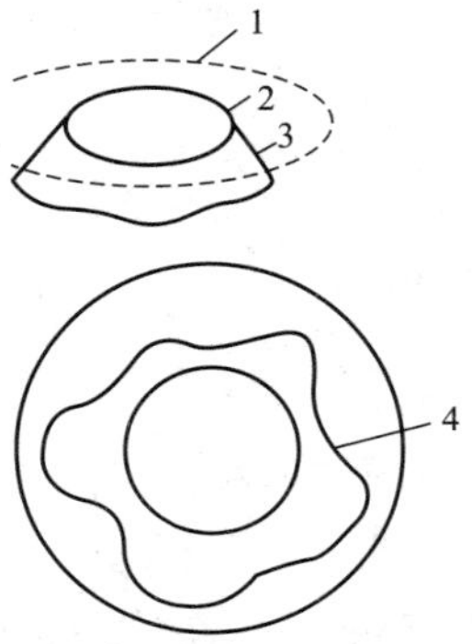

织物悬垂性的测定方法很多。最常用的伞式法，是将一定面积的圆形试样 1（图 3-3-7），放在一定直径的小圆盘 2 上，织物自重沿小圆盘周围下垂，呈均匀折叠的形状 3。然后从小圆盘上方用平行光线照在试样上，得到一水平投影图 4，利用织物的悬垂系数 F，计算织物的悬垂性。织物越柔软，对织物的投影面积远比织物本身面积小，织物呈极深的凹凸轮廓，匀称地下垂而构成半径较小的圆弧折裥［图 3-3-8（a）］；反之，随着织物刚度的增加，悬垂性较差，织物构成大而突出的折裥，投影面积接近于织物面积，如图 3-3-8（b）所示，悬垂系数越大，表示织物的悬垂性越差。

1 2 3 4

图 3-3-7　织物悬垂性测定示意图

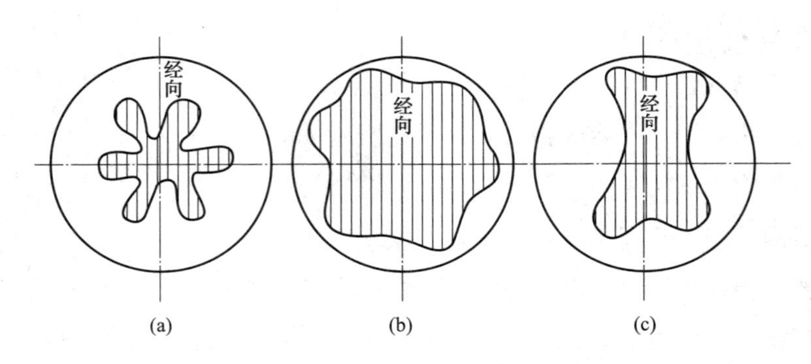

图 3-3-8　表示织物悬垂性的水平投影图

$$F=(A_F-A_d)/(A_D-A_d)\times100\% \qquad (3-3-4)$$

式中：A_D——试样面积；

A_F——试样的投影面积；

A_d——小圆盘面积。

为了快速与正确地测定，现已有利用光电原理可以直接读数的悬垂性测定仪，如图3-3-9所示。织物试样1放在支持柱2上，试样自然下垂。在支持柱下方装有抛物面反光镜3，并将电光源4装于反光镜的焦点上，由反光镜射出一束平行光线，照射在试样上。试样下垂的程度不同，对光的遮挡作用也不同。在织物平方米克重相同的条件下，柔软织物下垂程度大，挡光少；硬挺织物下垂程度小，挡光多。未被遮挡的光线又被位于上方的另一抛物面反光镜5反射，而在此反光镜的焦点上装一光电管6，把反射聚焦光线的强弱变成电流的大小。如果织物柔软，则电流大，悬垂性好，悬垂系数小；反之，如果织物硬挺，则电流小，悬垂性差，悬垂系数大。

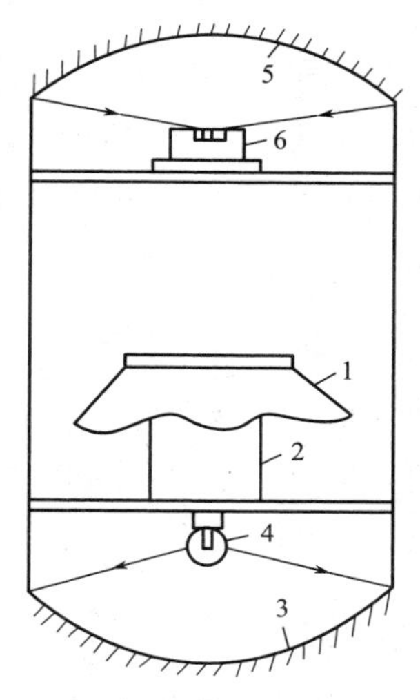

图3-3-9　织物悬垂性测定仪原理图

一般衣着用织物沿纬向、针织物沿线圈横列，都需要具有良好的悬垂性，因为表现在衣服上，织物一般沿经向折裥，而针织物沿着线圈纵行有折裥，所以在横向具有良好的悬垂性是特别重要的。

第四节　织物的抗皱性与免烫性

在搓揉织物时发生塑性弯曲变形而形成折皱的性能，称为折皱性。织物抵抗由于搓揉而引起的弯曲变形的能力，称为抗皱性。有时，抗皱性也理解为当卸去引起织物折痕的外力后，由于织物的急、缓弹性而使织物逐渐回复到起始状态的能力。从这个含义上讲，抗皱性也可称为折痕回复性。

由折痕回复性差的织物做成的衣服，在穿着过程中容易起皱，严重影响织物的外观，而且因为沿着弯曲与皱纹产生剧烈的磨损，会加速衣服的损坏。毛织物的特点之一是具有良好的折痕回复性，所以折痕回复性是评定织物具有毛型感的一项重要指标。

一、折痕回复性的测定方法

折痕回复性的测定是将一定形状和尺寸的试样，用装置对折起来，并在规定的负荷（如 10N 或 30N）下保持一定的时间（如 5min±5s 或 30min）。折痕负荷卸除后，让试样经过一定的回复时间（如 15s 或 5min），然后测量折痕的回复角。在国家标准 GB 3819—1997 织物折痕回复性的测定方法中，根据测量折痕回复角时折痕线与水平面的相对关系，规定了两种测定方法，即水平法与垂直法。水平法是指测量时，折痕线与水平面相平行，见图 3-4-1（a）。垂直法是指测量时折痕线与水平面垂直，见图 3-4-1（b），采用垂直法时试样卸除压力负荷后 15s 测得的称为急折痕回复角，经过 5min 回复后测得的称为缓折痕回复角。

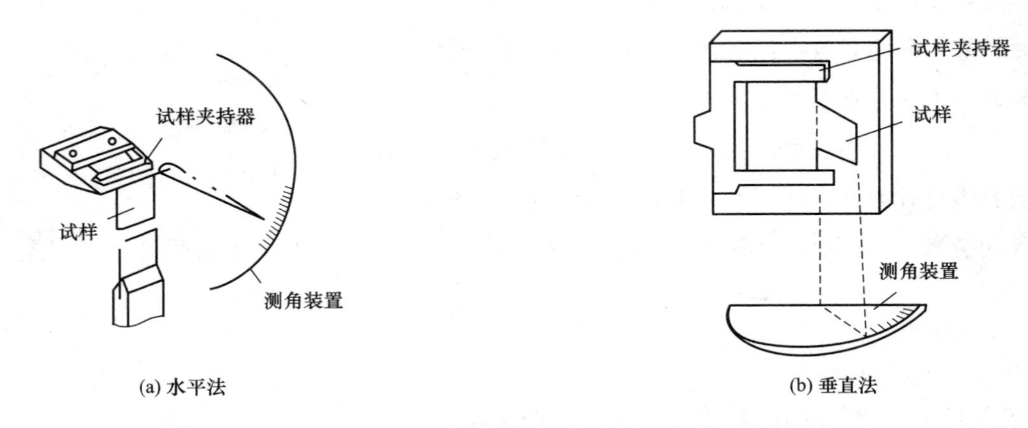

图 3-4-1　水平法与垂直法测量折痕回复角示意图

织物的折痕回复能力可以直接用折痕回复角的数值大小来表示。折痕回复角大，即抗皱性好。在国外也有用折痕回复率的大小来表示抗皱性的：

$$折痕回复率=折痕回复角/180\times100\% \qquad (3-4-1)$$

涤/棉混纺印染织物的折痕回复性指标，在行业标准中的规定见表 3-4-1。

当试验在 65%相对湿度和 20℃的标准条件下进行，一般称为干态折痕回复性试验。为了测定高湿条件下的折痕回复角，试样应在温度为 35℃±2℃，相对湿度为 90%±2%条件下调湿至 24h 后进行测试。也有在其他条件下进行的，应在试验结果

表 3-4-1　涤/棉印染织物的折痕回复性

织物类别	（经+纬）缓折痕回复角，不低于（°）	
	一般整理	树脂整理
细平布、府绸	210	260
卡其、华达呢	160	210

中加以注明。图 3-4-2 为几种织物在不同相对湿度下的折痕回复角。由图 3-4-2 得知，相对湿度从 43%提高到 65%时，织物折痕回复角的变化并不明显，但相对湿度从 65%提高到 80%时，折痕回复角下降很多，尤其是棉织物、醋酯织物与黏胶织物。有些试验指出，织物在穿着时形成折痕的过程中，受着人体的影响，温度逐渐升高，回潮率逐渐加大，而折痕回复则在较低的温度与相对湿度下进行，所以测试条件应该符合实际穿用情况，才能得出和实际服用相一致的试验结果。根据这种要求，在测试仪器上宜附有能改变试样周围小气候条件的装置。

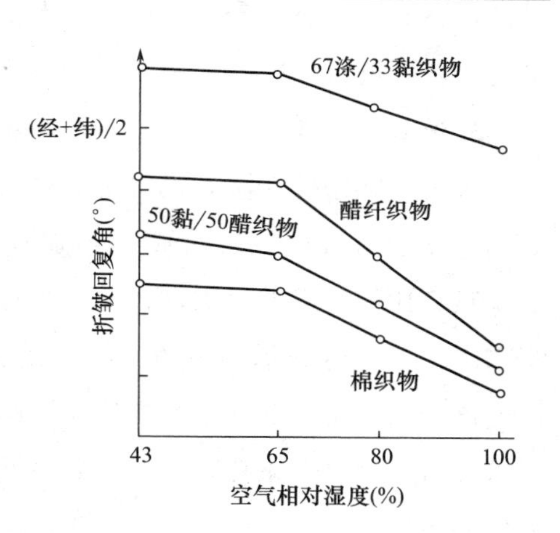

图 3-4-2　空气相对湿度与织物折痕回复角的关系

二、免烫性的试验方法

织物的免烫性，有时又称洗可穿性能，一般是指织物经洗涤后，即使不熨烫或稍加熨烫，也很平挺，形状稳定，具有良好的抗皱性。

织物免烫性的测定方法，目前国内外采用较多的有拧绞法、落水变形法和洗衣机洗涤法。

1. 拧绞法

拧绞法是在一定张力下对经过浸渍过的织物试样加以拧绞，释放后由于不同织物具有不同的平挺特征或免烫能力，在织物表面就会显出不同的凹凸条纹。免烫性好的织物，表现出凹凸条纹少而且波峰不高，布面平挺的特点；反之，则条纹多而混乱，波峰也高，布面不平。评定方法，是将试样与免烫样照对比，样照分为五级，“5 级”样照免烫性最好，“1 级”最差，取三块试样的平均值作为评级结果。

2. 落水变形法

落水变形法，为部颁标准中规定用于精梳毛织物及毛型化纤精梳织物的试验方法。裁取一定尺寸的试样两块，浸入一定温度的按要求配制的溶液内，经过一定时间后，用双手执其两角，在水中轻轻摆动，提出水面，再放入水中，反复几次。然后试样在滴水状态下悬挂，自然晾干，晾干到与原重相差±2%时，在一定灯光条件下对比样照进行评级。

3. 洗衣机洗涤法

根据规定条件在洗衣机内洗涤后，也按样照评定。涤/腈、涤/黏中长纤维薄型织物凡立丁的试验结果说明，涤/腈中长纤维织物的平挺情况与毛/涤织物水平相当，具有比较良好的免烫性，并且优于纯毛织物；经树脂整理后的涤/黏中长纤维织物次之，可达到基本不烫，涤/棉织物较差。这种顺序符合一般实际穿着情况，但应该指出，用样照评定的方法，精确度低，人为误差大。因此，在国内外有同时测试湿折痕回复性来评定织物的免烫性的方法。有些实验指出，免烫性与湿折痕回复性关系较为密切，同时也受干折痕回复性的影响。

三、影响织物抗皱性与免烫性的因素

影响织物抗皱性与免烫性的因素甚多，如纤维的性质和几何形状尺寸、混纺织物混纺比、纱线与织物的结构等，其中尤以纤维的性质更为重要。此外，坯布的染整工艺，对织物的抗皱性与免烫性有很大的影响。

1. 纤维的拉伸变形回复能力

当织物折皱时，纱线与纤维在织物弯折处受到弯曲，即处于应变状态。如果织物是由单丝组成，则纤维的外侧被拉伸，内侧被压缩。当形成织物折皱的外力去除后，处于应变状态的纤维变形要恢复，恢复的程度取决于纤维的拉伸变形回复能力。因此，纤维的拉伸变形回复能力是决定织物折痕回复性的重要因素。纤维拉伸变形回复能力用弹性回复率表示，它随纤维拉伸变形值的增加而降低。因此，织物折皱时，如果纤维的拉伸变形较小，则纤维的拉伸变形回复能力较高。

2. 纤维的初始模量

当织物折皱时，如果组成织物的纤维具有较高的初始模量，则纤维产生小变形时需要较大的外力，或者在同样外力作用下纤维不易变形，因此，织物的抗皱性一般也较好。

许多资料指出，织物的折痕回复性与纤维在小变形下的拉伸回复能力成线性关系；同时，还受纤维初始模量的影响。涤纶在小变形下的拉伸回复能力高，故织物的折痕回复性好；同时，涤纶的初始模量较大，所以织物的抗皱性也好。虽然锦纶的拉伸回复能力较涤纶大，但由于锦纶的初始模量很低，故锦纶织物的挺括程度不及涤纶织物好。纤维的弹性变形，有急弹性变形与缓弹性变形两部分。大多数合成纤维在拉伸变形中，弹性变形所占的比重较大，即弹性回复率大，但急弹性变形所占比例各不相同。锦纶的急弹性变形比例较小，缓弹性变形比例较大；涤纶则急弹性变形较大，而缓弹性变形较小。因此，涤纶织物的折痕回复性，特别是极短时间内的急速回跳较好，而锦纶织物的折痕回复性则是缓慢回复的。

3. 混纺织物混纺比

虽然棉、麻与黏胶纤维等的初始模量高，但由于这些纤维的拉伸变形回复能力较小，所以织物一旦形成折皱后，就不易消失，即折痕回复性差。因此，目前广泛使用具有高拉伸变形回复力和高初始模量的涤纶与棉、麻和黏胶纤维混纺，可以使织物折痕回复性能显著改善。如表 3-4-2 所示，即使涤纶的含量较少（如 35%），织物折痕回复角也有较大提高，经洗涤后的织物平挺程度也有明显改善。

表 3-4-2　涤/棉混纺比与织物的折痕回复角

涤/棉混纺比	0/100	35/65	50/50	65/35
缓折痕回复角（经+纬）(°)	181	253	261	283

富强纤维织物与普通黏胶纤维织物相比，由于富强纤维具有较高的初始模量与拉伸变形回复能力，所以织物的折痕回复性好，身骨较好，飘荡现象不明显。

维纶织物、维/棉或维/黏混纺织物的缺点是织物的折痕回复性较差，并且随着维纶的含量增加，织物的折痕回复性有下降趋势。

提高化纤混纺产品质量的措施之一是选用不同纤维品种与不同混纺比。图 3-4-3~图 3-4-5 所示为几种纤维和不同混纺比对织物折痕回复性的影响。

由图 3-4-6 得，羊毛与涤纶混纺织物的折痕回复性是十分优异的，300s 后折痕回复率可达 85%~90%。在毛织物中混入涤纶后，折痕回复性有提高的倾向，特别是在相对湿度高的情况下，并且改善了织物洗涤后的免烫性。在适当的涤纶用量下，可以保持羊毛织物的固有手感。在涤纶织物中混入适量羊毛，能缓和织物的熔孔性与静电现象。

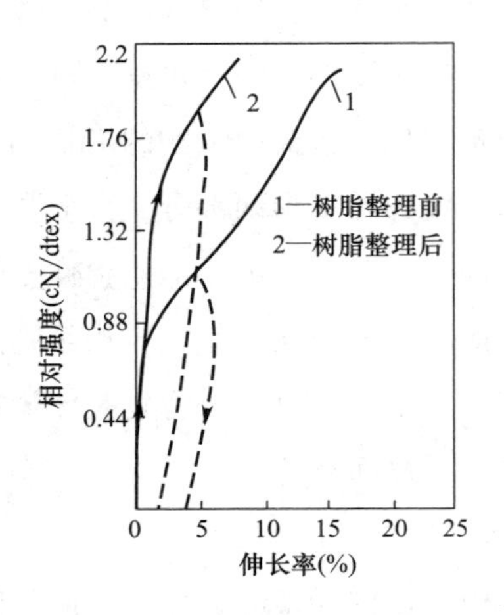

图 3-4-3　树脂整理前后纤维的拉伸曲线

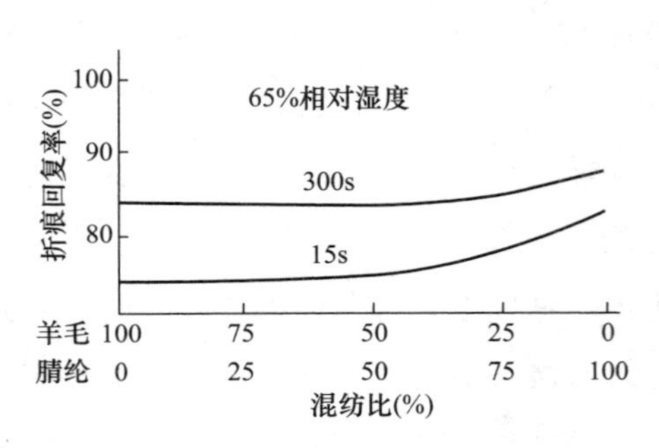

图 3-4-4　羊毛与涤纶混纺织物的折痕回复率与混纺比的关系

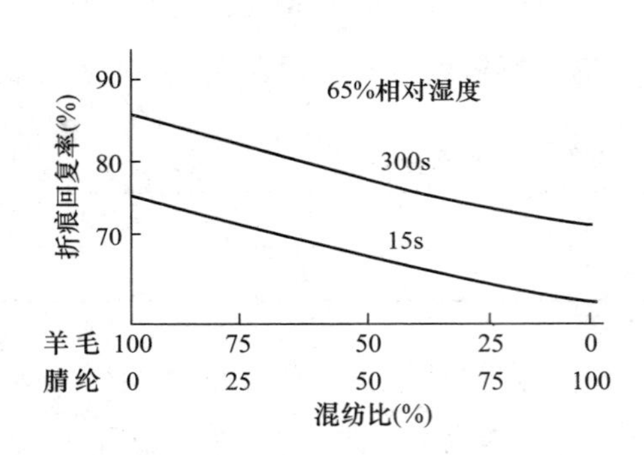

图 3-4-5　羊毛与腈纶混纺织物的折痕回复率与混纺比的关系

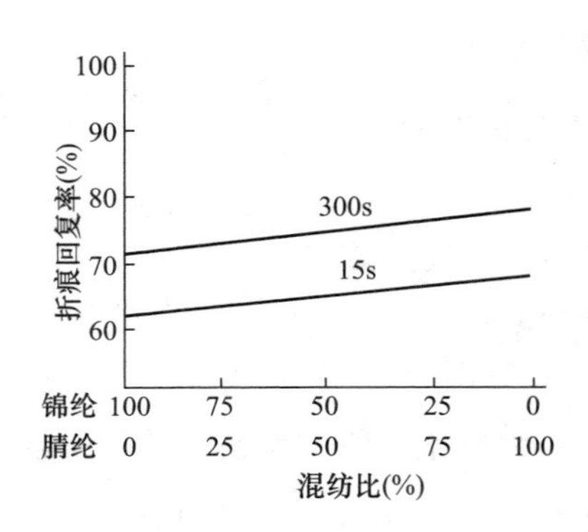

图 3-4-6　锦纶与腈纶混纺织物的折痕回复率与混纺比的关系

羊毛与腈纶混纺，将随着腈纶混纺比的增加而降低折痕回复性，故在毛织物中混用腈纶的比例应该适当。腈纶与锦纶混纺，有改善织物折痕回复性的趋势；由于腈纶的穿着牢度较差，因此，腈纶与锦纶混纺有一定的价值。

外衣用织物，除了在穿着时抗皱性或折痕回复性要好外，还要考虑织物的洗可穿特性。对纤维来说，影响织物洗可穿特性的因素主要有以下几种。

（1）纤维的初始模量。它决定着织物的初始手感，并且在一定程度上决定着织物在穿着过程中抵抗变形的能力。

（2）湿态与干态下弹性恢复能力的比值。它决定着织物经过洗涤后保持其原有外形的程度。

（3）纤维的疏水性。它决定着织物在洗涤时由于纤维膨化而造成的织物变形程度。纤维的膨化与纤维的平衡回潮率有关。纤维的这三项性能综合起来，洗可穿特性的影响见表3-4-3。

表3-4-3　纤维的性能与织物的洗可穿特性

纤维名称	纤维的初始模量	纤维在湿态与干态下的弹性回复性	纤维的平衡回潮率	织物的洗可穿级别
涤纶	高	高	低	高
腈纶	中	高	低	高
锦纶	低	中	中	中
羊毛	低	高	高	中
醋酯纤维	中	中	中	中
棉	高	低	中	低
黏胶纤维	高	低	高	低

4. 纤维的几何形态尺寸

织物的抗皱性不仅与纤维的性能有关，纤维的几何形态尺寸也将影响织物的抗皱性，其中，尤以纤维线密度的影响较为突出。生产实践说明，涤/黏等棉型化纤混纺织物在混纺比保持不变的情况下，用0.33tex（3旦）纤维比用0.22~0.28tex（2~2.5旦）纤维，织物的抗皱性为优。如果在0.33tex纤维中混用适当的0.55tex（5旦）纤维，织物的抗皱性就更好。对65涤/35黏精梳毛纺织物进行试验，保持黏胶纤维的细度为0.33tex（3旦），分别与0.33tex、0.5tex、0.66tex（3旦、4.5旦和6旦）的涤纶混纺，织物的折痕回复率见表3-4-4。

在化纤品种相同的情况下，中长化纤织物的毛型感较棉型化纤织物为优，这是国内外发展中长化纤产品的原因之一。表3-4-5为几种涤/黏混纺织物的折痕回复角。

表 3-4-4　纤维的细度与织物的折痕回复率

涤纶		织物折痕回复率（%）
线密度（tex）	旦尼尔（旦）	
0.33	3	77
0.5	4.5	80
0.66	6	84

图 3-4-5　几种涤/黏混纺织物的折痕回复角

织物名称	急折痕回复角（经+纬）（°）	缓折瘾回复角（经+纬）（°）
中长化纤平纹织物	200~250	270~300
棉型化纤平纹织物	170~200	250~270
棉型化纤卡其织物	120~160	180~230

5. 树脂整理工艺

为改善黏胶织物与棉织物或黏胶与棉的混纺织物的抗皱性，利用树脂整理。关于树脂整理的机理，目前主要认为是，至少有两个官能基团的合成树脂可以和两个纤维素的分子链中的羟基结合成交键，把纤维中相邻的分子链联结起来，于是就限制了分子间的相对滑移从而提高纤维的初始模量与拉伸变形能力。图 3-4-3 为树脂整理前后纤维的拉伸曲线。由图可知，整理后纤维的拉伸曲线的斜率较高，即提高了纤维的初始模量，并且纤维的拉伸变形回复能力也增加。

合成树脂的种类很多，有尿素、三聚氰胺和环次乙脲等。经树脂整理后，织物的伸长率、撕裂强度和实验室耐磨性会有所下降。

6. 纱线的捻度

纱线捻度适中，织物抗皱好。因为捻度过小，纱线中纤维松散，纤维间易产生不可恢复位移，使抗皱性能变差；纱线捻度过大，纤维的变形大，且弯时纤维间相对滑移小，纱线抗弯性能差，使织物起皱。

7. 其他因素

织物的紧度对织物的折痕回复性也有影响。一般规律是：当经向紧度接近时，随纬向紧度的提高，织物中纱线之间摩擦增加，折痕回复角有减小趋向，这说明纤维之间的摩擦作用对织物折痕回复性起消极作用。一些试验指出，在平布类织物中，经纬向紧度对织物折痕回复性的影响程度基本上接近，即用调整经向或纬向密度来改善织物的折痕回复性具有相近的效果。

在织物组织中，平纹组织织物的抗皱性较差，斜纹组织织物的抗皱性较好。一般是织物组织中联系点少的，抗皱性好。织物厚，抗皱性好。因此，对黏胶类织物设计时，配合适当纱支与组织结构，在一定程度上可以改善织物的抗皱性。

如果坯布具有较好的折痕回复性，则最后成品的手感实物质量相应提高，这说明坯布的弹性是成品弹性的基础。但坯布经染整加工后，折痕回复性的提高幅度远比由经纬向紧度和织物组织所引的影响大，这说明染整工艺对织物折痕回复性的改善起着关键作用。

第五节 织物的起毛、起球性

一、织物的起毛、起球过程

织物在实际穿用与洗涤过程中，不断经受摩擦，使织物表面的纤维端露出于织物，在织物表面呈现许多毛茸，即为“起毛”；若这些毛茸在继续穿用中不能及时脱落，就互相纠缠在一起，被揉成许多球形小粒，通常称为“起球”。根据实际观察，起毛、起球过程的示意图如图 3-5-1 所示。图中（a）表示纤维端凸出织物表面；（b）表示相邻凸出纤维开始纠缠在一起；（c）表示纤维渐趋滚紧；（d）表示形成小球；（e）表示纤维球脱落。长丝原料的织物起毛是因为在各种外力作用下，长丝中的某些单丝被磨断而产生毛茸，或有少量单丝被钩出而形成丝环。当织物继

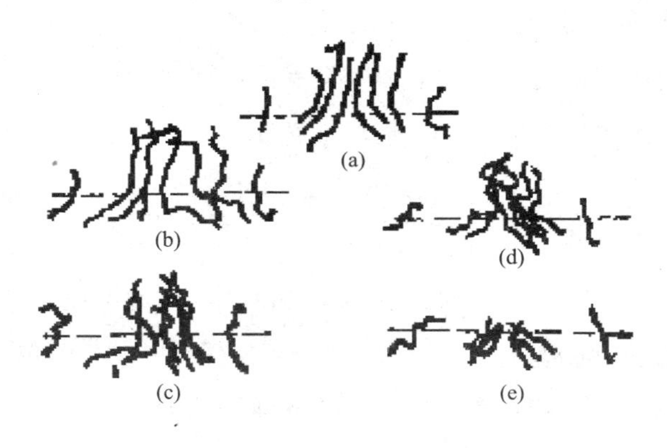

图 3-5-1 织物起毛、起球过程示意图

续受外力作用时，如果这些毛茸与丝环没有脱落，就会相互纠缠成球。织物起毛、起球，会使织物外观恶化，降低织物的服用性能。多年来，尤其是合纤织物大量问世以来，人们对织物的起毛、起球问题进行了一系列的试验研究，分析了影响起毛、起球的因素，提出了改善措施，并制订了试验方法。

二、起毛、起球的测试方法与评定

对在实验室进行的织物起球试验的基本要求是由试验所产生的毛球结构形态、大小和数量接近实际服用时所形成的。此外，快速获得试验结果。为了满足上述要求，因此，出现众多的测试方法与所用仪器，但试验原理一般都是模拟织物在实际穿用时导致起球的成形过程。我国国家标准与国际上主要采用如下三种：起球箱法、藉织物磨损仪的试验方法以及加压法起球仪。

1. 起球箱法

试验原理是将一定尺寸的织物试样四块分别套在聚氨酯载样管上，然再放入衬有橡胶软木的箱内，试验箱经一定次数（如 7200 转、14400 转或其他）翻转后取出，试样在评级箱内与标准样照对比，评定起球等级。该法一般适合于毛针织物及其他易起球的织物。

2. 织物磨损仪试验方法

由于织物磨损试验的方法众多，所以藉织物磨损仪来评定织物起球的方法繁多。在我国国家标准及国际羊毛局标准中规定采用马丁旦尔型织物平磨仪的试验方法，该法的试验原理见织物耐磨性一节，但起球试验区别于磨损试验的是在轻微压力下进行。经 1000 转（或其他转数）试样与试样摩擦后，与标准样照对比，评定起球级数。本法适用于精纺或粗纺毛织物及其他易起球的机织物。

在有些国外标准中还采用类似于翻动式磨损仪的随机翻动式起球仪来测试织物起球。

3. 加压法起球仪

在一定的压力下以圆周运动的轨迹使织物试样与尼龙毛刷再与标准织物作相对摩擦，经若干次数后，在规定的光照条件下，对比标准样照，评定起球等级。此法适用于低弹长丝机织物、针织物以及其他化纤纯纺或混纺织。

对织物起球的评定方法甚多，如有计量单位面积上的毛球数、毛球重、与标样对照评级、用文字描述起球特征以及起球曲线等方法，但从综合比较看各有利弊。由于织物所用的原料、纱线以及试验参数的不同，织物表面的毛球形态和大小差异很大，有小的和大的，圆的和长的，紧硬的和松软的，界限分明的和轮廓模糊的，因此，织物表面的起球状态不能由某一个含义十分清楚的物理量来计量。计量单位面积上的毛球数，似乎能定量反映织物起球程度，但由于对不同形态和大小的毛球给予等同地计数就不合理，因为大毛球比小毛球起球明显，小毛球在大毛球附近可能被忽视，纤维的扭缠或毛球，不易判断，计数是十分费劲的，如果把织物表面所呈现的毛球剪下后称重，除了需要时间外，即使同一重量的毛球在外观印象上未必是一致的。与标样对照的缺点在于对每一种织物必须制订一套标样，因为只有同一类织物的毛球才可相互比较，此外，又涉及到人的目光误差。用文字描述将起球程度划分为几个级的方法，其不足之处在于：一般只考虑到起球形成过程的顶峰，而没有考虑在越过起球顶峰后毛球的脱落过程。为了了解整个起毛—起球—毛球脱落的全过程，也有用起球曲线来评定织物的起球程度。所谓起球曲线是指试样所承受的摩擦作用时间（一般以摩擦次数表示）与试样单位面积上起球的关系曲线，如图 3-5-2 所示。此法虽能克服上述中的某些不足，但试验所花时间较多，在科研工作中有一定的价值。

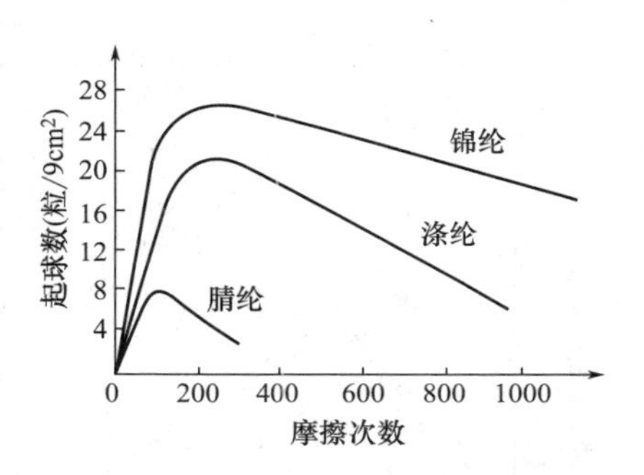

图 3-5-2　锦纶、涤纶与腈纶织物的起球曲线

三、影响起毛、起球的因素

根据研究结果认为，影响织物起毛、起球的因素可归纳为以下几点。

（1）组成织物的纤维品种。

（2）纺织工艺参数。

（3）染整后加工。

（4）服用条件。

所以，控制与减少起毛、起球的措施可以从以下几方面加以考虑，才能达到预期效果。

(一) 组成织物的纤维品种

从日常生活中可以看到，一般天然纤维织物，除毛织物外，很少产生起球现象；黏纤和醋纤等纤维织物也少产生。但各种合成纤维的纯纺或混纺织物，则产生较为明显的起毛、起球现象，其中以锦纶、涤纶和丙纶等织物最为严重，维纶、腈纶等织物次之。图3-5-3表示锦纶、涤纶和腈纶织物的起球曲线。锦纶织物起球最为严重，严重程度表现为起球数多，起球形成速度很快，而脱落速度缓慢。这些合成纤维的纯纺或混纺织物容易起毛、起球的原因与纤维性状有密切关系，主要是纤维间抱合力小，纤维的强度高，伸长能力大，特别是耐弯曲疲劳、耐扭转疲劳与耐磨性好，故纤维端容易滑出织物表面，一旦在表面形成小球后，又不容易很快脱落。棉织物和人造纤维织物由于纤维强度低，耐磨性差，因而织物表面起毛的纤维被较快磨耗。为了减少起球，有时对合成纤维采用变性的方法，使纤维的疲劳耐久度降低，使已产生的毛茸容易从织物表面脱落，不至于形成毛球。图3-5-3表示几种变性聚酯纤维的起球曲线，由图可知，随着纤维的弯曲疲劳耐久度和拉伸强度的降低，毛球数显著下降。

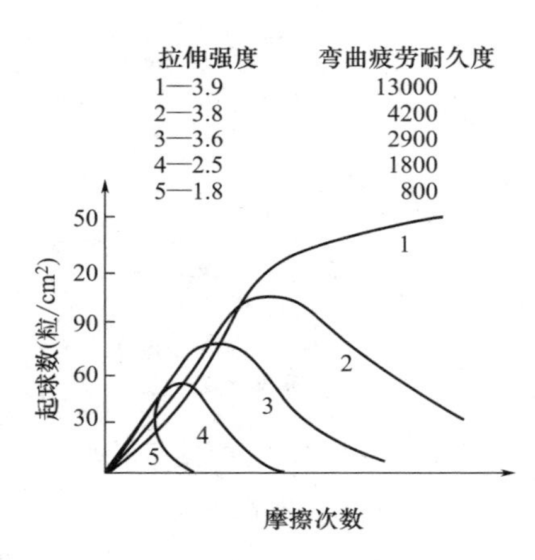

图3-5-3 几种变性聚酯纤维的起球曲线

(二) 纺织工艺参数

关于聚酯纤维类织物的起球，最近有人认为是由于纤维遭到缓和的周期性扭转疲劳，使纤维皮层逐渐破裂呈表面瓦块状龟裂结构，然后导致纤维相互缠结而形成的。有人对经六次穿洗后的涤/棉混纺织物衬衣上所得的线形毛球的涤纶纤维进行扫描电镜观察，证实了这种认识，并与经扭转应变作用的实验室试验仪上所得的纤维破损的扫描电镜观察特征相似。因此，纤维扭转疲劳也是织物表面起毛起球及其脱落的重要因素。

除纤维的力学性质外，纤维的长度、细度和断面形态与织物起毛、起球也有较大的关系。由较短纤维制成的织物的起毛、起球程度，比由较长纤维制成的织物严重，这是因为较长纤维组成的纱中，纤维头端数少，所以露出于纱线和织物表面的纤维头端数也少；另外，较长纤维之间的摩擦力及抱合力较大，纤维难以滑到织物表面。细纤维比粗纤维易于起球，除纤维根数的影响外，是因为纤维越粗越刚硬，竖起于表面的纤维头端不易纠缠起球。图 3-5-4 及图 3-5-5 表示纤维长度和细度对织物起球的影响。中长化纤较棉型化纤长而粗，所以有利于防止织物的起毛、起球。羊毛与合纤混纺织物，一般在选配原料时使羊毛转移在纱的表面，这样不但织物富有毛型感，而且对合纤有一定的覆盖作用，可缓和起球现象。当然，在对纤维细度等进行选择时，要综合考虑织物的其他服用性能。

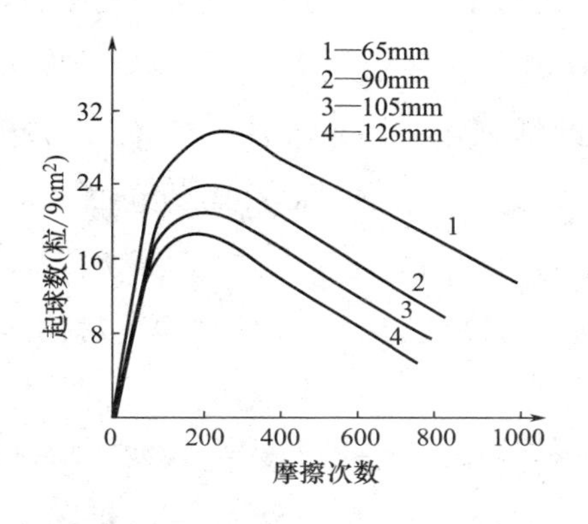

图 3-5-4　纤维长度对织物起球的影响

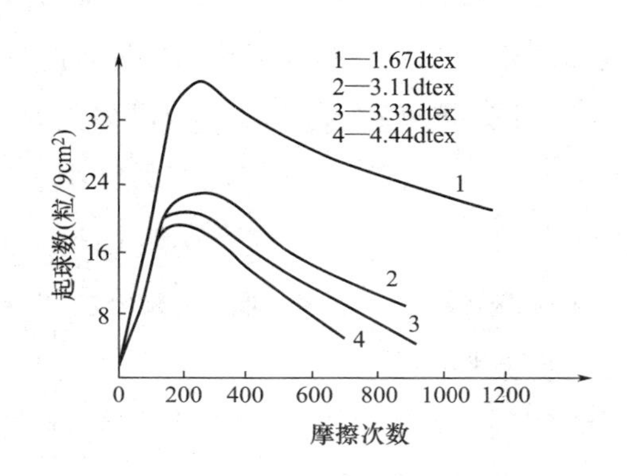

图 3-5-5　纤维细度对织物起球的影响

取表 3-5-1 中所示的不同类型涤纶，以低比例含量（如 20%、30%、40%）与棉混纺，制织成平针织物。经随机翻动式起球仪 30min 试验结果得到，含有最细的高强度纤维（H—1）的织物，显示出最严重的起球，这种起球程度已使消费者不能接受，因为接近 4 级或更高在商业上才是允许的。但因 H—1 纤维是用来加工可经树脂整理的低比例涤纶混纺织物的理想纤维。普强纤维 N—1 起球也较突出，这可能由于纤维具有较好的韧性所致，含有抗起球型纤维 N—3 的织物，经 30min，甚至 60min 试验，起球程度也是可以被接受的。

表 3-5-1　平针织物的起球试验

纤维类型	线密度（tex）	断裂强度（N·m/g）	断裂伸长（%）	起球等级	
				30min	60min
H—1 涤纶	0. 139	583×10^3	24	2. 6	1. 4
H—2 涤纶	0. 167	530×10^3	24	4. 1	2. 6

续表

纤维类型	线密度（tex）	断裂强度（N·m/g）	断裂伸长（%）	起球等级	
				30min	60min
H—3 涤纶	0.250	530×10^3	24	4.2	2.0
N—1 涤纶	0.167	371×10^3	41	3.3	1.8
N—2 涤纶	0.167	300×10^3	24	3.9	3.4
N—3 涤纶	0.167	265×10^3	34	4.6	4.3

断面接近圆形的纤维较其他截面形态的纤维易于起毛、起球。扁平形、三角形与多边形等异形纤维抗起球性较好。图 3-5-6 表明，三角形和五角形聚酯纤维织物比正常圆形截面纤维的起球少得多，无卷曲的纤维比有一定卷曲的纤维容易起毛球，因为无卷曲的纤维间抱合力较小，纤维容易滑到织物表面，而随卷曲数的增加，纱线和织物内纤维抱合得更牢固。但由于卷曲数的增加，已露出于织物表面的纤维头端也容易相互纠缠，这就可使起球增加。所以从起毛、起球来看，对化学纤维的卷曲数更要有一定的要求。

织物的起毛、起球，还与纺纱方法、纱线结构与织物结构有关。精梳纱中纤维的排列较为平直，短纤维含量较少，所用纤维一般较长，所以精梳织物一般不易起毛、起球。成纱捻度较大，纤维之间抱合较好，因而随纱的捻度增高，织物起毛、起球程度降低，如图 3-5-7 所示。为了使涤/棉混纺织物具有挺、滑、爽的风格，以及防止起毛、起球，涤/棉纱的捻度一般都应大于同特（支）纯棉纱。

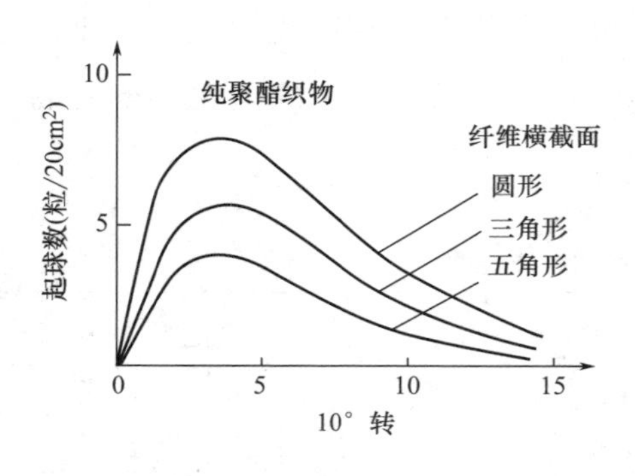

图 3-5-6　纤维截面对织物起球的影响

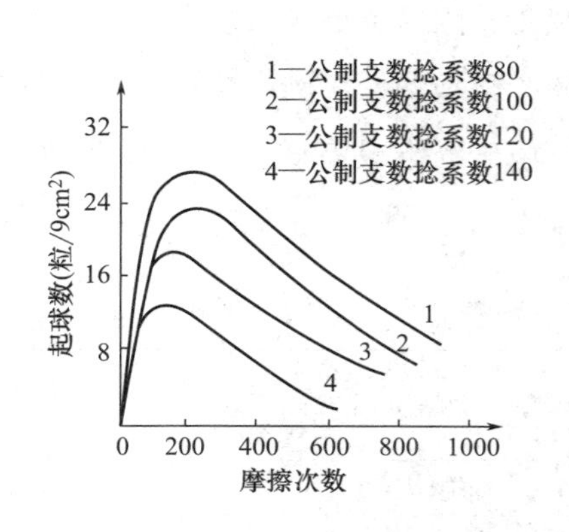

图 3-5-7　成纱捻系数对织物起球的影响

纱线的条干不匀，则粗节处容易起毛、起球。因为粗节处的捻度小，纱身松软。股线织物一般较单纱织物不易起毛、起球。精梳毛织物都用股线，除处于织物手感与条干要求外，也是为了避免或减少起毛、起球。采用花式捻线和膨体纱的织物，易起毛、起球。由表 3-5-2 可以看出，在机织物组织结构中，平纹组织的织物起球数少。由图 3-5-8 可知，绉组织的起球现象较严重。

表 3-5-2　织物组织对织物起球的影响

织物组织	起球数
平纹	115
2/2 方平	258
2/2 斜纹	278
3/1 斜纹	276

针织物的组织结构对起毛、起球的影响很大。用毛纱的纬平针织物和 1+1 罗纹针织物进行起球试验，其结果如图 3-5-9 所示。由图可知：

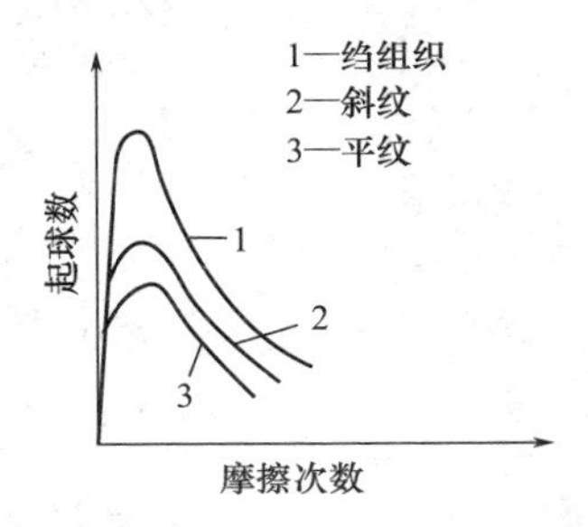

图 3-5-8　织物组织与织物起球的关系

（1）无论是纬平针织物还是 1+1 罗纹针织物，在纱线支数相同时，随着线圈长度的增加，毛球重量迅速增加。当线圈长度相同时，罗纹针织物比纬平针织物起球严重。这是因为，虽然线圈长度相同，但在单位面积内纬平针织物的线圈数比罗纹针织物要多（即编织点多），因此，纬平针织物的每一只线圈的长度比罗纹针织物要短，其结构比罗纹针织物紧密。

（2）无论是纬平针织物还是 1+1 罗纹针织物，当使用的纱线支数不同，而线圈长度相同时，纱线越细，织物的起球越厉害。因为线圈长度相同时，越细的纱线形成的针织物，结构越疏松，故越容易起球。

（3）无论是纬平针织物还是 1+1 罗纹针织物，当使用纱线的捻度不同时，单纱捻度和股线捻度大的，针织物的起球情况减轻。

结构紧密的针织物比疏松的针织物不易起毛、起球。因为结构紧密的针织物与

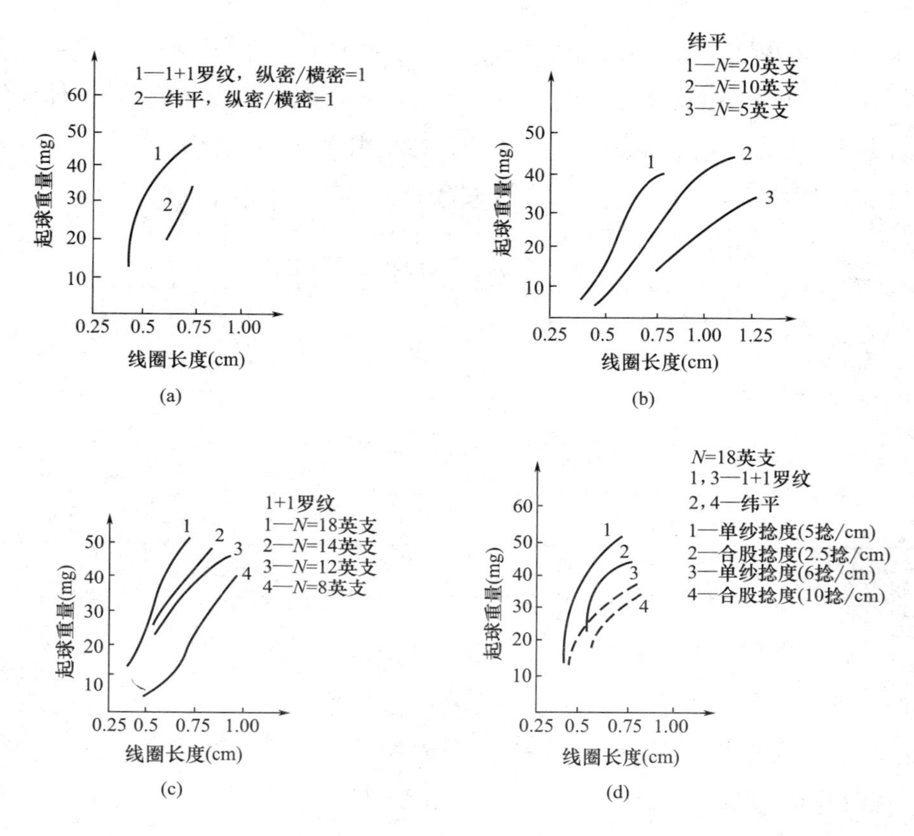

图 3-5-9　针织物的线圈长度与毛球重量的关系

外界物体作用时，不易产生毛茸，已经存在的毛茸又由于纤维之间的摩擦阻力较大，不易滑到织物的表面，故可减轻起毛、起球现象。图 3-5-10 为纬平针织物和1+罗纹织物的纵横密度乘积（总密度）与起球重量的关系。由图可知，随着针织物总密度的增加，起球重量显著下降。不难理解，细针距针织物比粗针距针织物不易起毛、起球，平针织物比提花织物易起毛、起球。

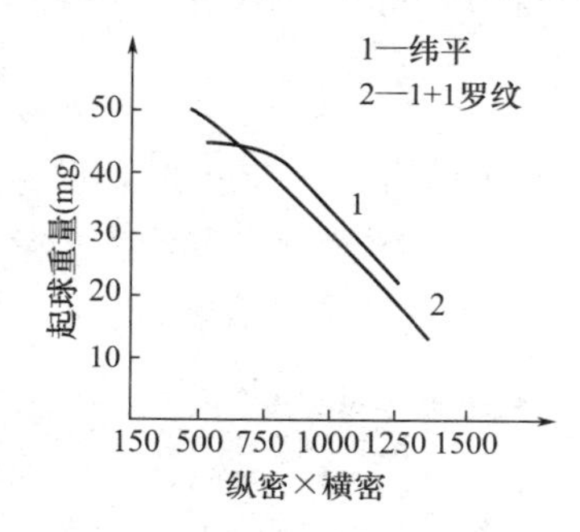

图 3-5-10　针织物的纵横密度乘积与起球重量的关系

布面比较平整、光滑的织物比布面凹凸不平的织物不易起毛、起球，因比普通提花织物比胖花织物不易起毛、起球。

(三) 染整后加工

应该指出，织物的染整工艺，如烧毛、剪毛、定形和树脂整理等同起毛、起球关系甚大。例如，从涤/棉织物不同的烧毛工艺情况来看，未经烧毛处理的，织物起毛、起球严重，烧毛条件越剧烈，起毛、起球程度越轻；但烧毛过度，会使织物强力下降，布身硬板，染色不匀，甚至严重损伤服用性能。涤/热织物经热定形，不仅可以提高织物的尺寸稳定性，使织物表面平整，而且不易起毛、起球。此外，也可用树脂整理方法来防止起毛、起球。

在结束讨论影响因素时，给出一组典型的起球曲线，如图 3-5-11 所示。它在一定程度上可以预示织物具有不同的起球程度。

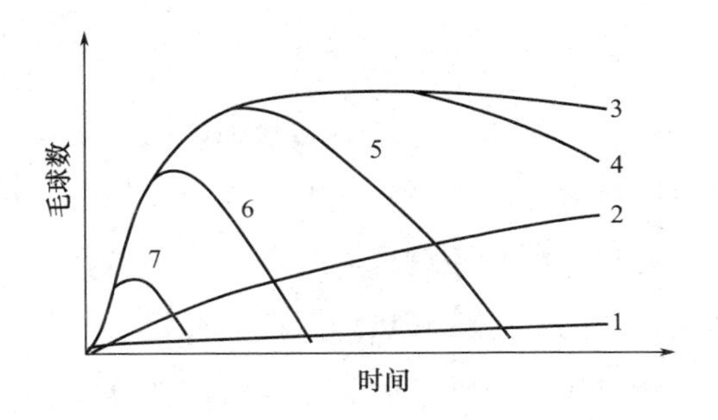

图 3-5-11　典型的起球曲线

起球曲线 1 代表不起球的织物，例如，经剪毛整理的高捻股线纯纺毛织物，织物表面茸毛极少，几乎不存在起球。曲线 2 表示逐渐产生少量小球，织制较紧密的纯毛织物一般可能显示出此类曲线特征。

曲线 3 和曲线 4 代表起球强烈的织物，曲线 3 表示所形成的毛球几乎不脱落，曲线 4 表示毛球只能稍有脱落，由普通涤纶纯纺或与毛混纺制成的织物分别显示出这些曲线。

如果混用了不同混纺比的抗起球型纤维，可以获得如曲线 5 或曲线 6 的起球曲线，对曲线 6 来说，毛球已显著减少，可以认为此类曲线的织物起球不明显。曲线 7 代表结构较松的羊毛和醋酯纤维织物，产生一定的起球，但很快就消失，具有这样的曲线，实际上可以认为是不起球的。

对织物起球机理还需作进一步研究，用来定量地分析起毛成球的可能、毛球的形成速度与脱落速度，找出影响起毛、起球的因素同毛球形成速度与脱落速度的关系，以便进一步有效地控制与减少织物的起毛、起球现象。

第六节　织物的舒适性评价

一、热湿平衡性与穿着舒适性

人体穿着衣服后，身体与环境之间恒处于能量质量不断地交换中。人体的舒适感觉取决于人体本身产生的热量水分和周围环境散失热量水分等之间能量质量交换的平衡。服装在能量交换中起着调节作用。舒适时最佳的皮肤平均温度为33℃，如果相应于各种活动而选择适当的衣服，即使暴露于较冷空气中，这一平均温度也是可以保持的。在比较不利的气温条件下，当皮肤温度高于或低于该最佳温度，则人体通过皮肤循环的调节或汗液蒸发来达到体温的调节，使之达到适当的舒适感。服装在能量交换中一般是通过热湿传递过程而起调节作用的。

研究服装在使用过程中的舒适性和热、湿传递过程，采用人体试验进行观察评定是最直接的方法。试验方法为将试验服装制成所需的款式；试验环境可以采用不同的自然环境或根据需要在人工气候室内进行；受试人员的活动量可以按照假定的任务要求，人为地加以选定，在进行人体试验时需要测定各层服装中的水分含量，每层间隔内的相对湿度与各层表面的温度，人体开始出汗时涉及的面积分布与一定时间内的出汗量，人体生理调节反应的有关指标，以及各种主观感觉的变化与衣服的贴身程度。服装人体试验对于不同地区、不同兵种的军用服装舒适性的研究有着重要意义。

二、服装材料的物理特性与穿着舒适性

服装的款式和服装材料的物理特性上的差异会造成服装穿着舒适感的不同。织物各种物理性能的测试虽然没有能考虑服装款式的影响，并不能代替人体穿着试验时舒适感的实际测定，但是随着服装舒适性和织物特性之间一系列关系的研究，就有可能借助各种试验方法来对舒适性进行评价。研究表明，反映织物热湿传递的隔热性或导热性、透湿汽性，以及透气性、透水性是影响服装舒适性的重要因素。现

分述如下。

1. 隔热性

隔热性与导热性是热传递性能同一事物的两种相反描述方法。纺织材料的导热性在前面已经讲述。测定织物隔热性能的方法有恒温法、冷却速率法、热流计法等。除了恒温法是将织物包覆热体，测定保持热体恒温所需的热量以外，在采用冷却速率法时是让热体自然冷却，根据冷却速率来确定织物的隔热性能。在用热流计法时则将织物试样夹在热源和冷源两个平板之间，冷源是具有高的导热性和热容的吸热装置，使热源和冷源分别保持不同的温度，用热传感器放置于各层试样中测量其温度梯度，从而测定其隔热性。此外为了模拟人体的穿着，也有采用出汗暖体假人（电加热铜人）的测试设备，以便测定整套服装的隔热性能。

描述织物导热性或隔热性的指标很多，可用导热系数或绝热率表示，也可以用热欧姆（$T—\Omega$）来表示热阻。热欧姆的单位是 $m^2 \cdot ℃/W$，它是指温度差为1℃时，热能以每平方米1W的速率通过。这是由于热流也遵循类似于电流的欧姆定律关系，即通过服装或织物单位面积的热流量与温度差成正比，与热阻成反比。热欧姆的优点是可以直接指示出加热所需要的能量，因为任意一个物理的、生理的、工程的功率单位或能量单位都容易换算成瓦特。在英、美等国家，描述服装或织物隔热性能时，常采用克罗（CLO）值来表示。克罗单位是这样规定的：在室温为21℃，相对湿度不超过50%，空气流速不超过10cm/s（相当于有通风设备的室内正常气流速度）条件下，一个人静坐保持舒适状态时对衣服所需要的热阻，这个热阻单位称为克罗。一个人静坐时人体新陈代谢发热量约为209.14J/($m^2 \cdot h$)，假定在上述条件下保持皮肤温度为33℃，静坐时新陈代谢热量的24%是通过无感排汗蒸发所散失，其余的热量通过衣服传递，考虑了空气的热阻，则衣服的热阻根据定义等于一个克罗，它的值相当于 $4.3\times10^{-2}℃ \cdot m^2 \cdot h/J$。克罗值的测定可以在暖体假人表面和环境间维持恒定的温度差，用物理方法测量热阻而求得。热欧姆（$T—\Omega$）与克罗（CLO）的换算关系如下：

$$1(T—\Omega)=6.45\text{CLO} \tag{3-6-1}$$

$$\text{或 } 1\text{CLO}=0.155(T—\Omega) \tag{3-6-2}$$

在实际上，服装的克罗值也可根据服装的厚度进行估算，即：1cm = 1.6CLO = 0.25($T—\Omega$)，服装的克罗值大小表示了保暖隔热程度的高低。应该注意，测定服装的克罗值和测定织物克罗值总和是有差别的，其主要原因是因为空气层的存在。

目前国内生产的一种织物保暖性测试仪是以试样筒保持一定的表面温度（室温+50℃）作为热体，在一定时间（30min）内，测定热体在未包覆织物试样前的耗电功率与包覆试样后的耗电功率之差，除以未包覆试样前的耗电功率所求得的百分率称保暖率，作为织物保暖性的指标。

对干燥的织物特别是纤维排列比较有规则的新型织物研究表明，影响织物导热系数的主要因素是织物内纤维的排列状态。为此，织物作为纤维—空气混合体，其导热系数可以分别以纤维排列和热流方向平行与纤维排列和热流方向垂直两种情况结合进行分析。如果纤维排列和热流方向平行，由于纤维的导热系数比空气高，纤维—空气混合体的导热系数主要受纤维的影响；如果纤维排列和热流方向垂直，则纤维间空气层的导热系数对纤维—空气层混合体的导热系数影响较小，而纤维间空气层的导热系数的影响却很大。若 x 和 y 分别表示织物内纤维排列和热流方向平行与纤维排列和热流方向垂直的有效百分率，$x+y=1$，则织物的导热系数 K 为：

$$K=x(V_fK_f+V_aK_a)+yK_fK_a/(V_aK_f+V_fK_a) \tag{3-6-3}$$

式中：V_f，V_a——纤维和空气的体积分数；

K_f，K_a——纤维和空气的导热系数。

式 3-6-3 对解释纤维排列较有规则的织物隔热性能的试验数据有一定的作用。

导热系数是热流量密度除以温度梯度，用导热系数讨论织物热传导性能时是指织物单位厚度而言，具体织物具有一定的厚度，据上述所述，织物的隔热性能随织物的厚度增高而增加以外，还与织物表面的纤维排列状态有关。由棉、聚酰胺纤维、聚丙烯腈纤维为原料所制成的光滑表面织物，随着织物所受压力的增高，织物表面纤维排列状态改变极小；织物的导热系数随着压力增高而增高，主要归因于织物内纤维排列聚集紧密、体积重量增加。对于表面起绒的毛织物或羊毛混纺织物，垂直于织物表面的这部分纤维对织物传递性能有着影响，在压力较紧时，纤维的一部分是垂直于织物表面，当压力增高时这部分纤维将发生弯曲，在压力较高时这部分纤维将平行于织物表面，由于纤维排列与热流方向垂直时导热较差，因而织物的体积重量随着压力增高对导热系数的影响被纤维排列的改变所抵消，所以起绒织物导热系数对织物所受压力大小变化不敏感。

当干燥的织物润湿以后，织物的隔热性能显著下降。在考虑纤维排列相同的前提下，织物隔热能力的下降和含湿量成正比，因而，湿织物与大面积皮肤相接触时，人体就有阴凉感。

2. 透湿汽性

人体通过皮肤蒸发汗液不断散失水分。在正常条件下，人在静止时无感出汗量约为 15g/(m^2·h)，在热的环境中或剧烈运动时出汗量可以超过 100g/(m^2·h)，水分通过服装材料时有液态与气态两种。如果汗液在皮肤表面蒸发而以水蒸气（气相）方式透过织物，刚主要是通过织物内空气的空间向外扩散，这时织物内空隙中的空气仍保持其热阻。如果皮肤表面水分以液态方式通过芯吸作用传递到织物表面，并在织物表面上蒸发而到达空气层，则将使舒适性降低，其原因之一是润湿的织物表面被皮肤的感觉神经所觉察，使人感到衣服滑腻粘贴皮肤而不适，另外是由于水分充满织物内空隙后，则空隙内不再保存静止空气，使织物热绝缘能力明显下降，使人感到衣服湿冷而难受。人体的出汗量是随人的活动量而变的，而人体分泌的汗液能够得到顺利的蒸发才会使人感觉舒适。在热湿的环境中，高的相对湿度使汗液蒸发速率减慢。在较寒冷的环境中，所穿着的衣服对汗液的蒸发是一阻抗，所穿衣服越多，则阻抗越大，尽管在冷天，人们所穿衣服尚不致为汗液充满织物内毛细管道，但织物对水蒸气扩散的阻抗对舒适性影响很大，因而织物的透湿汽性是除了隔热性能以外影响服装舒适性的第二个重要因素。

为了测定织物透湿汽性，常采用蒸发法，测试时采用两个盛水容器，一个容器没有覆盖织物，另一个容器是将织物试样放置在水面之上。在一定温湿度条件下测定两个容器在一定时间内的水分散失量，即单位面积、单位时间内，水蒸气浓度（或压力）单位差值下的水蒸发量，以此来表示织物对水蒸气扩散的阻抗，作为透湿汽性的指标。

近年来在国内外，为了探索服装材料的舒适性，把织物热、湿传递结合在一起进行研究的测试方法正在不断发展中。试验表明，织物对水蒸气扩散的阻抗，主要取决于织物的厚度和组织的紧密度，随着织物的厚度增加，对水蒸气扩散的阻抗随之上升，纤维本身所传递的水蒸气量与织物内空隙所透过的水蒸气量相比是很小的，这说明水蒸气是沿着纤维表面传递，尤其是通过织物内空气的空间进行传递。应该指出，织物对水蒸气扩散的阻抗随风速而改变，这是由于织物表面静止空气层厚度改变的缘故。因为水蒸气必须通过织物表面静止空气层进行扩散，如果空气在织物表面流过，就破坏了织物表面的静止空气层，使织物对水蒸气扩散的阻抗下降。

为了提高织物的透湿汽性，可以改变织物结构的织物组织、经纬密度、纱线的细度与捻度等，对于涂层整理过程中，可用大量细针刺破织物涂层，以使水蒸气通过孔眼而增加其透湿汽的能力，对于化学纤维，在制造过程能使纤维具有较多的微孔结构，也可提高这种化纤织物性能。也有将织物用酯类聚合物浸渍后，加热到较高温使其分解与膨化，在织物内形成含有亲水基端的微小孔道，提高透湿汽性能。

3. 透水性与防水性

液态水从织物一面渗透到另一面的性能，称为织物的透水性。有时采用与透水性相反的指标——防水性来表示织物对液态水透过时的阻抗特性。透水性从两方面与舒适性有关，一方面是来自外界的水，如雨水，织物应该阻止其到达人体，因而采用防水整理来达到目的；另一方面，人体表面而使人感到舒适。此外，透水性与防水性对工业用滤布、篷布、防水布、鞋布及雨衣等的品质评定，具有重要意义。

（1）水分子透过织物的途径。

①由于纤维对水分子的吸收，使水分子通过纤维体积内部毛细管而达到织物的另一面。

②由纤维间空隙使水蒸气扩散到另一面。

③由于水压强迫水分子通过织物的孔隙。

（2）织物透水性或防水性的测定。随着织物的实际使用情况不同，采用的测定方法也不同，并且以各种相应的指标来表示透水性或防水性，测定方法可以有以下几种。

①使试样承受一定静压的水柱。对于防水性织物，如雨衣布等，测定单位面积、单位时间内的透水量［$mL/(cm^2 \cdot h)$］；对于防水性织物，如雨衣布等，测定当试样另一面出现水滴所需的时间，或经一定时间后观察另一面所出现的水珠数目。

②在试样的一面施以等速增加的水压，直到另一面被水渗透而显出一定数量水珠时，测定水柱高度。有时称这种试验为水压试验。

③连续喷水或滴水到试样上，观察试样在一定时间后表面的水渍特征，与具有各种润湿程度的样照对比，评定织物的防水性，或者测量水滴与织物表面所成的夹

角。有时称此法为沾水试验。

④将试样浸没于水中一定时间后取出，测量试样所吸附的水量。

水滴附着于物体表面上时，水滴在物体表面接触点上切线所形成的 θ 角，称为接触角，如图 3-6-1 所示。接触角的大小是水分子间凝聚力和水分与物体间附着力的函数。接触角的大小可作为织物防水性的量度。接触角越大，表示水分与织物表面分子间的凝聚力越小，织物的防水性越好。在接触角大于 90°时，一般认为织物的防水性是良好的；接触角小于 90°时，织物较易被水润湿，防水性不良。

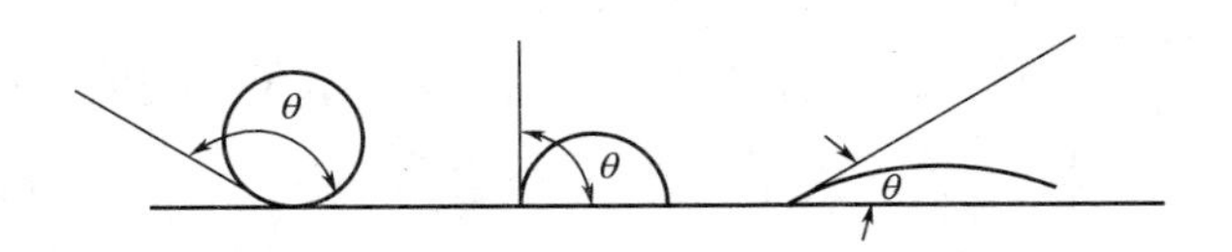

图 3-6-1　水滴与织物表面形成的接触角

当组成织物的纤维表面所附有的蜡质、油脂或胶质除尽后，水滴附于织物上时，接触角均比 90°小得多，因此，为了增加织物的防水性（有时称为拒水性），均需进行防水（拒水）整理。防水整理用的整理剂，大多数含有长链脂肪烃化合物，它是一种对水分子吸附力很小的物质。织物经整理后，纤维表面排满了具有疏水性基团的分子，使水滴与织物表面所形成的接触角增大。织物的防水性也与织物的孔隙和厚度有关，密度大和厚度厚的织物具有较好的防水性。

如在织物表面涂一层不透水、不溶于水的连续性薄膜层，则织物不仅不透水，也不透气，手感较硬，这就不适宜于衣着用，但可用于篷盖布等。

4. 透气性

气体通过织物的性能称为织物的透气性。织物的透气性从以下几方面影响着服装的舒适性。

首先，织物如果对空气容易透通，则对水蒸气与液态水，通常也是易于透通的。因而以前讨论的透湿汽性与透气性密切有关。其次，织物的隔热性能主要取决于织物内所包含的静止空气，而该因素又转而受到结构的影响，所以织物的透气性与隔热性也有一定关系。在寒冷的气候中，稀疏的织物对穿着者会遭受风寒，强烈的风吹也会影响生存。此外，透气性高的织物往往是结构比较疏松的薄形织物，在强烈的日光直接照射下对穿着者也会造成不适，透气性不仅对衣着制品很为重要，对国防用及航运用织物更有重要意义，如降落伞织物和航运帆布应具有规定要求的透气性。

织物的透气性常以透气率 B_p [mL/(cm^2·s)] 来表示，它是指织物两边维持一定压力差 p 条件下，在单位时间内通过织物单位面积的空气量。

$$B_p = V/AT \quad (3-6-4)$$

式中：V——在 T 秒时间内通过织物的空气量，mL；

A——织物的面积，cm^2。

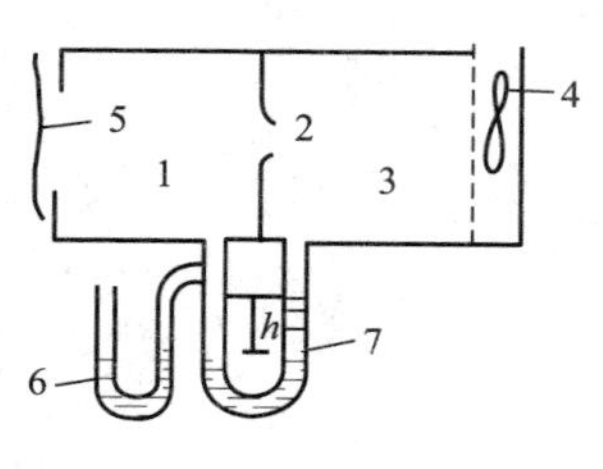

图 3-6-2　织物透气仪原理图

测定织物透气性，可用织物透气仪，如图 3-6-2 所示。织物透气仪是由空气室 1、3 以及排气风扇 4 等组成。试样 5 置于空气 1 的前面。当排气风扇 4 转动时，空气即透过试样 5 进入空气室 1 与空气室 3。空气在通过气孔 2 时，由于截面缩小，即引起静压降落，其数量可在压力计 7 上读得，由此可推求织物的透气率。试样两边的压力差由压力计 6 表示。根据流体的连续原理与伯努利定理，以及考虑到实际气体的黏滞性与可压缩性，可以得出透过试样的空气量 Q(kg/h) 为：

$$Q = \mathrm{c}ud^2\delta/h\gamma$$

式中：c——仪器常数；

u——流量系数；

δ——流体比重变化系数；

γ——压力计 7 内液态比重；

d——气孔直径，mm；

h——压力计 7 的压力差读数，mm。

由此可知，通过织物试样的流体流量与气孔 2 的直径的平方成比例，并与空气室 1 和空气室 3 的压力差有一定关系。当气孔直径和压力差为已知时，可计算出通过织物的流体流量。在试验时，为了减少计算，将上式绘成专用对照图，根据压力计 7 的读数分别查得有关气孔的直径，即可直接得到通过织物的流量值。

影响织物透气性的因素很多，如纤维的截面形态、纱线细度与体积重量，织物和针织物的密度、厚度、组织与表面特征，以及染整后加工等。织物透气性的变化规律可归纳如下。

（1）当经纬纱线密度不变而经密或纬密增加时，则透气性降低。以精梳毛织物为例，不同密度对织物透气性的影响见表3-6-1。织物所用纱支为公制支数27/2，织物组织为2/2斜纹。

表3-6-1 织物密度对织物透气性的影响

织物密度（根/10cm）		透气性[mL/(cm²·s)]
经	纬	
339	291	7.1
300	268	13.8
257	224	40.6

（2）若织物的密度不变而经纬纱细度减细，则透气率增加。

（3）若织物的紧度保持不变，而采用不同的纬密与不同的纬纱细度相配合时，织物的透气率随着纬密增加和纬细度减细而降低。

（4）在一定范围内，纱线的捻度增加时，纱线的体积重量增加，纱线直径和织物紧度降低，因此，织物的透气性有提高的趋势。

（5）从织物的基本组织来看，平纹组织织物的透气性最小，斜纹组织织物的透气性较大，缎纹组织织物的透气性更大。

（6）由于织物组织与密度的改变，引起浮长增加时，透气率增加。

（7）织物经后整理，一般透气性降低；织物结构越疏松，后整理的影响越大。

（8）织物的回潮率对透气性有明显影响。如表3-6-2所示，毛织物随回潮率的增加，透气性显著下降，这是由于纤维径向膨胀的结果。

（9）大多数异形纤维织物比圆形断面纤维织物具有较好的透气性。

表3-6-2 织物回潮率与织物透气性

织物名称		不同回潮率下织物的透气性[mL/(cm²·s)]				
		10%	20%	30%	40%	50%
精梳毛织物	薄型哔叽	14.0	11.4	8.9	5.9	2.5
	厚型哔叽	3.6	2.7	2.0	1.3	0.9
粗疏毛织物	法兰绒	24.5	23.0	20.4	12.0	2.0
	麦尔登	5.2	3.6	2.0	0.5	0.2

上述这些影响因素，在织物设计时应加考虑。例如，巴里纱织物，大都作为夏季服装和热带地区用，要求织物具有薄、稀、爽风格。因此，纱号一般用得较细，密度用得较低，并且采用强捻度。麻纱织物的用纱，捻度一般也较大，并配以适当的组织。这些都是为了保证织物具有较大的透气性。

三、不同纤维材料与穿着舒适性

天然纤维以苎麻、亚麻为代表的麻织物和丝织物常用于制作薄型的夏季用衣料，人们穿着时比较利汗、轻薄、透风而舒适，丝织物由于柔软、保暖、透湿舒适也用于秋冬季的外衣面料。羊毛由于富于弹性，织物丰满而保暖，最适用于御寒用衣料，也由于织物挺括抗皱而用于春秋季较为高档的外衣面料。棉纤维由于细而柔软，价格低廉，适用于各季度的内外衣。化学纤维在衣用方面向仿毛、仿麻、仿蚕丝方向发展，或者与天然纤维在特性上相互取长补短，进行混纺，以改善织物的服用性能。

不同纤维材料对衣着用织物的舒适性影响，一方面主要反映在衣料与皮肤接触时的粗糙感和搔痒感、温暖感或阴凉感，另一方面是反映在当环境温湿度突变时，衣服对人体冷热感觉有否缓冲保护作用。

试验研究表明，衣料与皮肤接触的粗糙感和搔痒感是由于纤维的刚度效应造成的，差异的真正原因是纤维的粗细而不是纤维的类别，如果对任何纤维提供相应于刚度的细度范围就可以产生柔软与粗糙搔痒的差异。另外，化纤制造纺丝成形过程中纤维黏结的硬头丝或珠子丝在纺织加工中未曾将其清除而保留在纱线表面，则这些含有纺丝疵点的纤维在内衣上将会产生显著的搔痒感。

不同纤维的织物在皮肤接触时的温暖感与阴凉感，主要决定于织物的表面结构，大接触表面（支持面大）的光滑织物具有阴凉感，起毛拉绒处理的织物则与皮肤接触时具有温暖感，这主要是由于与皮肤真正接触的表面上，皮肤温度一般总是高于织物表面温度，纤维的导热系数比空气的导热系数大，织物与皮肤真正接触面积大，则导热散失的热量较大，因而有阴凉感；反之，则有温暖感。特别是在织物含湿量较高或织物表面含有液态水（如汗液）时则更为显著。此外，低卷曲纤维所产生的大面接触，也使织物与皮肤接触时阴凉感较为显著。

当环境温度突变时，衣服对人体冷热感觉的缓冲保护作用，主要取决于纤维的吸湿性能，羊毛纤维吸湿性能强，环境温度突变，纤维放出吸湿积分热会使纤维升温，这些热量就会传递到整套服装，从而对人体的冷热起缓冲保护作用，因而同样的服装，羊毛纤维或滑雪衫内采用羽绒填料，比用吸湿性能低的其他纤维制品，其保暖防寒性能要好些。

织物的手感是织物某些力学性能对人的手掌所引起的刺激反应，织物的弯曲、表面摩擦与压缩性能是其重要组成。随着生产发展和人们生活方式的变革，各种化纤纯纺、混纺织物的大量生产，人们对织物的手感也提出了越来越高的。所以根据产品的不同要求，改善织物的各种特有手感以及制订其有效的评定方法是纺织工作者应该重视的重要课题之一。

第七节　织物的品质评定

一、机织物和针织物的品质要求和评定方法

织物的品种繁多，用途甚广，不同用途的织物对其性能有着不同的要求，因此评定织物的品质，就必须考虑织物的用途。对于各种衣着用织物，随着织物使用情况的不同，对织物性能的要求有所区别与侧重。例如，夏季用织物要求轻薄滑爽，穿着时舒适不闷热。服装的面料要求织物平整挺括，不易起皱，春秋穿着的化纤混纺呢绒及针织外衣，则要求富有弹性，手感柔软，身骨良好，有毛型感；针织内衣，在热天穿用的汗布要求具有良好的吸湿性与透气性，在冷天穿用的内衣则要求轻柔保暖。与此同时，织物在穿着与多次洗涤后要求能保持原有外形，尺寸稳定，不产生明显的收缩或伸长，并且具有良好的染色牢度，经过洗涤能快干免烫，保持良好的褶裥；在织物外观上要求没有明显的疵点，特别是针织物要求不易起毛、起球与产生钩丝。随着生产技术的不断发展与更广泛地适应消费者对织物使用的要求，织物还应具有良好的耐污性与耐熔孔性等。对于工业用织物及军用织物，则常根据使用场合的不同而提出不同的要求。例如，过滤布与降落伞除应具有一定的强度以外，其透气性必须符合一定要求；化工用织物需考虑耐酸碱腐蚀性；军用织物除了要求坚牢、耐磨、耐日晒之外，有的织物还要求具有良好的耐高温、阻燃等特性。综上所述，对织物品质的要求是多种多样的。

评定织物品质的方法，通常采用仪器检验与感官检验，必要时可采用穿着试验。仪器检验，一般是将织物的品质分成许多单个测试项目，可以归纳为以下几个方面：表示织物结构特征的，有幅宽、织物内原纱或长丝的细度（线密度、旦尼尔与支数），经纬向密度或直向横向针圈密度、经纬向紧度与织物总紧度、平方米重量、织物内纱线的捻度、捻向、捻缩率、织缩率、织物厚度、体积重量、不同纤维混纺比等；表示织物力学的，有回潮率、断裂强度与断裂伸长率、撕裂强度、顶破强度、缩水率、抗皱性、耐磨性、抗起毛起球性、抗钩丝性、抗弯性、悬垂性、起拱变形、表面摩擦性、压缩性、透气性、透水性、防水性、吸水性、抗熔孔性、阻燃性等；表示染色性能的，有色调、染色牢度等。在这样众多的项目中，一部分项目是各类织物都应该测试的内容，有一些项目则只分别适用于不同品种和具有不同特点的织物。在业务检验上，对于某种织物的单个测试项目，一般是根据传统沿用决定的，或是根据合约协商规定的内容来进行检验的。测试的项目经常选自与织物工艺设计直接有关的最基本项目。例如，织物要测试经纬向密度，断裂强度；针织物要测试直向、横向针圈密度，每平方米干燥重量；汗布要测试断裂强度或顶破强度；双面布要测试顶破强度；对于毛织物与化纤织物，则把织物的呢面、手感等质量情况统称为实物质量，由织造厂对正式投产的不同规格产品分别建立标准实物样品，简称“标样”。标样反映产品的特征，是取自实物质量平均水平的样品，列为织造厂的保证条件，在必要时供感官检验使用。

二、纺织品标准化

纺织品技术标准是从事生产工作以及商品流通的一种共同技术依据。纺织标准化对促进纺织品质量不断提高、花色品种的发展至关重要。标准化是指在经济、技术、科学及管理等社会实践中，对重复性事物和概念，通过制定、发布标准和贯彻实施标准来达到统一，以获得最佳秩序和社会效益的活动过程。

在我国，根据标准适应领域和有效范围，把标准分成三级：国家标准、部标准（专业标准、地方标准）和企业标准。国家标准是指对全国经济、技术发展有重大意义而必须在全国范围内统一的标准。主要包括有关广大人民生活、量大面广的产品标准、原材料标准、通用的试验方法标准和基础标准，有关安全卫生和劳动保护方面的标准和被我国采用的国际标准等。部标准（专业示准）是指全国性的各专业范围内统一执行的标准，其中一部分是需要制定国家标准，但条件尚未成熟，因而先暂时制定部标准。企业标准是指对企业生产技术组织工作具有重要意义而需要统一的标准。这为企业保护自身特色和机密及竞争能力起重要的作用。

纺织标准按其特性现在分为基础标准、方法标准和产品标准三类。基础标准是指生产技术活动中最基本的，具有广泛指导意义的标准。它针对一般的共性问题，如纺织名词术语、纺织品的调湿以及试验用的大气条件所作的规定等。方法标准是指有关纺织原材料、纺织品的结构、力学性质、化学组成以及有关技术指标的分析试验方法的标准，如电子均匀度仪测定纱条短片不匀率方法、机织物断裂强力和断裂伸长的测定方法等。产品标准是为某一类产品的机构、规格、主要性能参数、质量指标、分等规定以及包装、验收等方面所制定的标准。

新中国成立初期，我国参照苏联标准，建立了我国自己的标准，三十多年来，从无到有，经过不断充实和提高，目前已形成了包括棉、毛、丝、麻、化纤等行业的一系列标准体系，对促进纺织工业技术进步、发展生产、扩大出口都起了积极的作用。但是我国纺织标准与国际标准和各工业发达国家标准相比还存在着问题，主要是数量不足，不统一，构成不合理，水平较低，原料、半成品和成品标准前后衔接不够等问题。改革标准是提高产品质量，增加经济效益，改进企业管理，提高技术水平，实现纺织工业现代化的重要一环。在 20 世纪 50 年代至 70 年代，人们需要纺织品耐穿用，是符合当时的实际情况的，因此，耐穿耐用成了制定标准的主导思想。现在人们生活有了提高，需求有了变化，特别是原料结构的改变，大量采用化学纤维后，纺织品耐穿耐用程度大大提高，现在对某些工业用纺织品来说强力和耐用仍然是主要指标；但是对于大部分衣着用纺织品，耐穿耐用已不是质量上的主要矛盾，而是要大力发展花色品种，提高产品的舒适、美观而具有良好的服用性能，要做到适销对路。产品标准的指标要根据产品特性和最终用途来确定，不能一刀切。这样做在外销上能适应国外客商和国际先进水平的要求，提高产品的竞销能力，提高信誉。在内销方面要满足消费者和加工单位批量裁剪的需要，宽严要科学合理。

积极采用国际标准（ISO）和国外先进标准是我国重要的技术经济政策，也是技术引进的重要组成部分。国际标准化组织因其所制定的标准是吸收了各国特别是工业发达国家长期生产中应用的技术成就，集中了各国专家的宝贵经验，通过系统的试验研究，有着可靠的科学基础。它适应了国际范围内的生产、流通和使用的要求，代表了当代标准化的发展方向，具有较高的先进性。因此，采用国际标准可以提高标准水平，加快标准的制、修订速度，为产品的更新换代，企业的技术改造和科学攻关提供方向和目标。在国际贸易上，对于纺织品各种性能和技术规格有哪些要求，达到什么水平，是根据需要双方协议规定的，无法实现统一，但这些性能及技术规格的试验测定方法，都有必要规定一种各方都能接受的方法标准，以取得一致，使有关各方对试验结果都给予认可，所以在国际标准的纺织标准中，方法标准最多，基础标准有一定数量；另外，也应该实事求是地看到国际标准由于受到各种条件和原因的限制也存在不足之处，有些国际标准由于标龄偏长，内容上已不够先进，个别国际标准在某些内容上也有不当之处，为了赶超国际水平，认真研究分析和区别对待是我们能否积极采用的关键，对于国际标准生吞活剥、照搬硬套或者一概否定、故步自封这两种极端都是错误的。正确的做法应该是对国际标准进行全面研究、充分地了解和分析，从我国实际情况出发，根据需要和可能，作出如何采取的结论。目前，纺织商品标准缺乏国际标准，因此，要通过各种渠道积极收集有关国内外先进标准，吸收其有益的技术成果。以上各项工作对加速纺织标准现代化进程，具有重要的战略意义。

第四章　织物工艺设计与生产

第一节　Tencel 织物的设计与生产

Tencel 纤维在性能上优于黏胶纤维，尤其在力学性能上已接近合成纤维的水平，且可以通过原纤化赋予织物柔软的丝质手感。概括来说，Tencel 纤维具有以下特性：较高的断裂强力，尤其是湿强；无论干态、湿态，延伸性都较低；纵向无膨胀或收缩；比棉的吸水性高；可以原纤化为微纤维；原纤化纤维能够自黏；耐抗湿膨胀破裂（总吸水率可更高）；易染色；可以被氧化和炭化；在有氧、无氧条件下都易生物降解；易与合成纤维及棉混合。

Tencel 纤维的性能决定了其织物具有吸湿性好、抗静电性强、触感柔滑和悬垂性好等特点。另外，较细的 Tencel 纤维纱也可以具有较高的强力，能织造较其他纤维素纤维轻许多的织物，有利于轻薄型织物的开发。Tencel 纤维较高的初湿态模量也可以使其织物在湿态时收缩较小。Tencel 纤维的开发，极大地满足了现代生态环境对生产技术的要求，以其特有的风格和性能，成为 21 世纪的新型绿色纤维。

Tencel 纤维织物布面细腻、光软顺滑、吸湿透气，深得消费者喜爱，它简洁大方的外观也符合当前人们的审美要求。在用料、组织、花色设计以及上机工艺的设计、工艺参数的选配上都有一定的要求。

一、原料选择

原料选择包括纤维的线密度、长度及其品质特征，若为混纺织物还要确定混纺比例。

1. 纤维主要品质特征的选择

Tencel 纤维长度有棉型、毛型、中长型三种，纤维长度和线密度的选择应根据织物的品种大类而定，以适应纺织设备的加工要求。如与毛混纺织制精纺毛织物，选用 90mm、线密度为 2.4dtex 的 Tencel 纤维合适；织制棉型织物时，多选用

38mm、线密度为 1. 3dtex、1. 7dtex 的 Tencel 纤维合适。

2. 混纺比例的确定

Tencel 纤维的强伸性非常适合与其他纤维混纺，由于 Tencel 纤维强度较高，即使混入少量的比例，混纺纱的强度和条干不匀率都能得到改善。在确定混纺比时应考虑成本和风格等多种因素，一般产品 Tencel 纤维的比例在 20%左右。

二、纱线规格的设计

1. 不同规格的 Tencel 纤维纱适宜设计的产品

不同规格的 Tencel 纤维纱适宜设计的产品品种见表 4-1-1。

表 4-1-1 纱线规格与线型的关系

纱线类别		纱线品种
Tencel 纤维纯纺纱	棉型纱	58. 3tex、29tex、19. 4tex、14. 6tex、11. 6tex 9. 7tex、7. 3tex、5. 8tex
	毛型纱	17. 5tex、11. 4tex
	转杯纺纱	83. 3tex、58. 3tex、36. 4tex、29tex
与其他纤维混纺纱	与棉混纺	19. 4tex、14. 6tex
	与羊毛混纺	17. 5tex、11. 4tex

2. Tencel 纤维纱线与其他纤维纱线主要物理指标比较

Tencel 纤维纱线与其他纤维纱线主要物理指标比较见表 4-1-2。

表 4-1-2 几种纱线主要物理指标比较

项目	Tencel 纤维纱	黏胶纤维纱	棉纤维纱	聚酯纤维纱
线密度（tex）	19. 43	19. 43	19. 43	19. 43
单纱强力（N）	5. 47	2. 57	3. 0	6. 34
伸长率（%）	8. 2	12. 1	6. 0	12. 8

从表 4-1-2 中可以看出，同样线密度的 Tencel 纤维纱比其他纤维纱的强力高，伸长率略高于棉纤维纱，但低于黏胶纤维纱和聚酯纤维纱。

三、纺纱工艺

1. 工艺流程

A002D 型圆盘抓棉机→A036C 型豪猪开棉机→A092A 型双棉箱给棉机→A076C

型单打手成卷机→1181 型梳棉机→整经→FA311 型并条机（两道）→A454G 型粗纱机→INA 牵伸细纱机→SAVIO 型自动络筒机。

2. 纺纱易出现的问题

（1）Tencel 纤维的比电阻大，棉卷较蓬松，易粘卷，生产时应运用凹凸罗拉防粘，梳棉和并条工序的喇叭口应比纺棉时偏大。

（2）Tencel 纤维对温湿度敏感，不能用皮辊剥棉，否则易缠道夫，用斩刀剥棉较顺利。

四、织造工艺

1. 准备工序

准备工序中以浆纱最为重要，因上浆的质量对织机效率、产品质量有较大的影响。特别是 Tencel 纤维易原纤化的特点，上浆要特别注重表面的毛羽伏帖，细纱选用纯化学浆料，由酰胺、PVA、CMC 合理配伍，7. 3tex×2 牛津纺以玉米淀粉为主浆料。品种与上浆工艺参数对照见表 4-1-3。

表 4-1-3 品种与上浆工艺参数对照表

品种	黏度（s）	回潮率（%）	上浆率（%）	车速（m/min）
9. 7tex×9. 7tex	7~7. 3	6±1	7~9	15~20
14. 6tex×14. 6tex	7~7. 3	6±1	7~9	15~20
7. 3tex×2×7. 3tex×2	5. 5~6	6±1	5~6	15~22

2. 织造工艺

Tencel 纤维适合所有织机织造，但以喷气织机为主，其次是剑杆织机。Tencel 纤维制品在织造过程中易出现的疵点和解决办法见表 4-1-4。

表 4-1-4 Tencel 纤维在织造中易产生的疵点和解决办法

疵点种类	解决办法
横档	减低织机转速、上浆以被覆为主、控制经纱张力均匀、保持车间温湿度按工艺要求稳定不变、减少停机时间
折皱	严格控制经轴质量，保持经纱张力的一致性、注意边纱张力与地经纱张力的差异性以及布边的设计
边撑疵	使用特定的边撑并定期清洁

续表

疵点种类	解决办法
断纬	纬纱上蜡、注意织机工艺参数的配合
跳纱	注意织轴的平整度、开口清晰度、织机工艺参数的合理配合

3. 织造工艺主要参数

普通织机织造工艺主要参数如下。

后梁高度：100mm±2mm。

开口时间：(190~215) mm±3mm。

投梭时间：(230~235) mm±3mm。

投梭动程：220mm±5mm（内），190mm±5mm（外）。

第二节　机织过滤布的紧度与透气性

机织过滤布是用相互垂直的两个系统的纱线（经纱、纬纱）相互交织而成。由于纱线本身的线密度较大、透气量很小，所以机织过滤布过滤的颗粒只能从经、纬线间的孔隙中通过。一般机织过滤布的孔隙率为30%~40%，而且是直通的，因而对流体阻力较小，且机织过滤布强力较大，因而适用于压力降大的液体过滤。目前，机织过滤布已经广泛应用在食品、制药、化工、钢铁、石油、冶金、造纸等工业领域，同时在污水处理、空气净化、废物提取等环境保护方面应用也较广泛。机织过滤布的生产水平高低直接影响到工业原料、工业产品、精密仪器、环境保护等产品质量与生产质量。而透气性对于机织过滤布来说是十分重要的指标，它直接影响机织过滤布的可用性。研究机织过滤布的紧度与透气性的重要关系，实际上就是将机织物的经纬纱线密度、密度与过滤布的透气量指标联系起来，为机织过滤布的设计与应用提供参考。

一、实验

1. 实验仪器

YG461-II型数字式透气量仪、织物密度镜、AL104型电子天平、YG缕纱测长机、烘箱、Y331 型捻度仪、剪刀、刻度尺。

2. 样品准备

准备 12 种机织过滤布，具体工艺参数见表 4-2-1。

表 4-2-1　样品工艺参数

品名	组织结构	经纱材料	经纱线密度	经纱捻度（捻/10cm）	纬纱材料	纬纱细度	纬纱捻度（捻/10cm）
621	平纹	涤纶长丝	16. 67tex×6（150 旦×6）	16（S）	涤纶长丝	16. 67tex×6（150 旦×6）	16（S）
4219	平纹	丙纶长丝	83. 33tex（750 旦）	—	丙纶长丝	83. 33tex（750 旦）	—
3233B	平纹	涤纶短纤	29. 5tex×12	10（S）	涤纶短纤	29. 5tex×12	10（S）
4152	平纹	丙纶长丝	93. 33tex（840 旦）	—	丙纶长丝	93. 33tex（840 旦）	—
0806	平纹	锦纶长丝	23. 33tex（210 旦）×1×3	24（Z），16（S）	锦纶长丝	23. 33tex（210 旦）×1×3	24（Z），16（S）
663A	2/2 纬重平	锦纶长丝	23. 33tex（210 旦）×1×2	24（Z），16（S）	锦纶长丝	23. 33tex（210 旦）×1×4	24（Z），16（S）
0710	3/2 斜纹	锦纶长丝	23. 33tex（210 旦）	—	丙纶长丝	83. 33tex（750 旦）	—
8222	2/2 斜纹	涤纶短纤	29. 5tex×8	16（S）	涤纶短纤	29. 5tex×8	16（S）
9211	2/2 斜纹	涤纶短纤	29. 5tex×6	24（S）	涤纶短纤	29. 5tex×6	24（S）
3112	2/2 斜纹	涤纶长丝	16. 67tex（150 旦）×9	16（S）	涤纶长丝	16. 67tex（150 旦）×9	16（S）
4106	2/2 斜纹	丙纶长丝	83. 33tex（750 旦）	—	丙纶长丝	100tex（900 旦）	—
394	2/2 斜纹	锦纶长丝	23. 33tex（210 旦）×1×3	24（Z），16（S）	锦纶长丝	23. 33tex（210 旦）×1×3	24（Z），16（S）

3. 透气性测试

机织过滤布透气性测试情况见表 4-2-2。

表 4-2-2　透气率测试数据

品种	喷嘴直径（mm）	测试面积（cm^2）	透气率测试数据（mm/s）					透气率平均值（mm/s）
			试样 1	试样 2	试样 3	试样 4	试样 5	
621	2	20	37. 551	30. 581	33. 638	35. 284	35. 986	34. 6080
0710	6	20	28. 115	27. 676	28. 465	29. 372	28. 449	28. 4154
8222	1. 2	20	16. 936	17. 428	19. 915	19. 275	17. 495	18. 2098
9211	1. 2	20	26. 018	25. 283	23. 379	23. 557	24. 888	24. 6250
3112	4	100	17. 582	26. 776	20. 944	25. 773	21. 951	22. 6052
4106	2	20	38. 033	40. 135	39. 806	41. 942	36. 372	39. 2576
3233B	2	20	21. 920	23. 344	21. 881	21. 463	22. 257	22. 1730
394	2	20	21. 571	22. 007	21. 808	23. 547	21. 896	22. 1658
205A	4	50	25. 855	25. 647	27. 857	24. 962	24. 200	25. 7042
0806	4	50	43. 328	49. 204	43. 498	41. 874	40. 869	43. 7546
4152	1. 2	20	44. 512	44. 018	42. 829	41. 512	43. 833	43. 3408
4219	0. 8	20	95. 497	84. 432	89. 167	88. 701	90. 999	89. 7592

二、测试机织物紧度

1. 织物经向紧度

织物经向紧度见表 4-2-3。

表 4-2-3　织物经向紧度

品种	经纱直径（mm）	经密（根/10cm）	经向紧度（%）
0710	0. 20	530	106. 851
9211	0. 59	210	123. 814
3233	0. 81	82	66. 776
8222	0. 67	200	134. 847
4106	0. 49	220	106. 710
205A	0. 53	225	118. 360
PP03SA	0. 49	230	111. 560
750B	0. 49	221	107. 195

续表

品种	经纱直径（mm）	经密（根/10cm）	经向紧度（%）
394	0.35	330	115.268
3112	0.53	320	168.334
621	0.43	190	81.309
0806	0.35	230	80.899

2. 织物纬向紧度

织物纬向紧度见表4-2-4。

表4-2-4　织物纬向紧度

品种	纬纱直径（mm）	纬密（根/10cm）	纬向紧度（%）
0710	0.49	160	77.61
9211	0.59	120	70.75
3233	0.81	70	57.00
8222	0.67	100	67.42
4106	0.53	150	79.70
205A	0.53	110	57.86
PP03SA	0.49	150	72.76
750B	0.53	112	59.51
394	0.35	170	59.38
3112	0.53	135	71.02
621	0.43	130	55.63
0806	0.35	135	47.48

3. 织物总紧度

织物总紧度见表4-2-5。

表4-2-5　织物总紧度

品种	经向紧度（%）	纬向紧度（%）	总紧度（%）
0710	106.851	77.61	101.5341
9211	123.814	70.75	106.9653

续表

品种	经向紧度（%）	纬向紧度（%）	总紧度（%）
3233	66.776	57.00	85.7150
8222	134.847	67.42	111.3519
4106	106.710	79.70	101.3620
205A	118.360	57.86	107.7359
PP03SA	111.560	72.76	103.1494
750B	107.195	59.51	102.9131
394	115.268	59.38	106.2017
3112	168.334	71.02	119.8060
621	81.309	55.63	91.7073
0806	80.899	47.48	89.9687

三、数据整理与分析

根据以上实验和计算，可以归纳出总紧度与透气率的关系，见表 4-2-6 和图 4-2-1。

表 4-2-6　总紧度与透气率归纳分类

品种	组织	总紧度（%）	透气率平均值（mm/s）
205A	2/2 斜纹	107.7359	25.7042
0710	3/2 斜纹	101.5341	28.4154
8222	2/2 斜纹	111.3519	18.2098
9211	2/2 斜纹	106.9653	24.6250
3112	2/2 斜纹	119.8060	22.6052
4106	2/2 斜纹 127 根人字	101.3620	39.2576
394	2/2 斜纹 167 根人字	106.2017	22.1658
3233B	平纹	85.7150	22.1730
621	平纹	91.7073	34.6080
0806	平纹	89.9687	43.7546
4152	平纹	88.1278	43.3408
4219	平纹	92.2702	89.7592

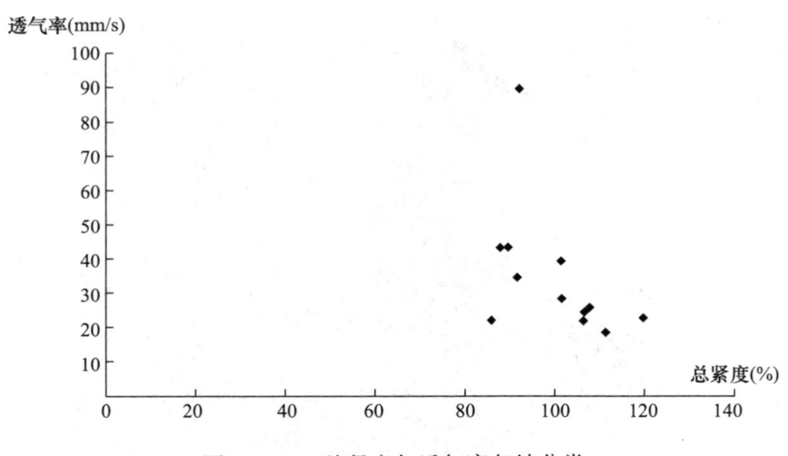

图 4-2-1　总紧度与透气率归纳分类

1. 斜纹织物紧度与透气性的关系

将数据输入 SPSS，首先用线性回归方程估计，SPSS 输出相关表格，得出的模型摘要见表 4-2-7，表格中的 R^2 项显示判定系数，二次方函数关系式的系数为 0.729，三次方函数关系式的系数为 0.730，均可以作为推导结论。

表 4-2-7　斜纹及其变化组织紧度与透气性关系数学模型摘要和参数评估

方程式	模型摘要				参数评估				
	R^2	F	df_1	df_2	显著性	常数	b_1	b_2	b_3
二次									
三次									

注　自变量是紧度。

故根据表 4-2-7 中得出的二次方函数，得出斜纹及斜纹变化组织织物的紧度与透气率的关系式为：

$$y=0.097x^2-22.030x+1273.154 \qquad (4-2-1)$$

式中：y——织物透气率；

x——织物总紧度。

斜纹及其变化组织织物紧度与透气性关系曲线如图 4-2-2 所示。

通过实验和计算可知，斜纹及斜纹变化组织机织过滤布的透气性随着织物紧度的增大先减小而后略有增加。

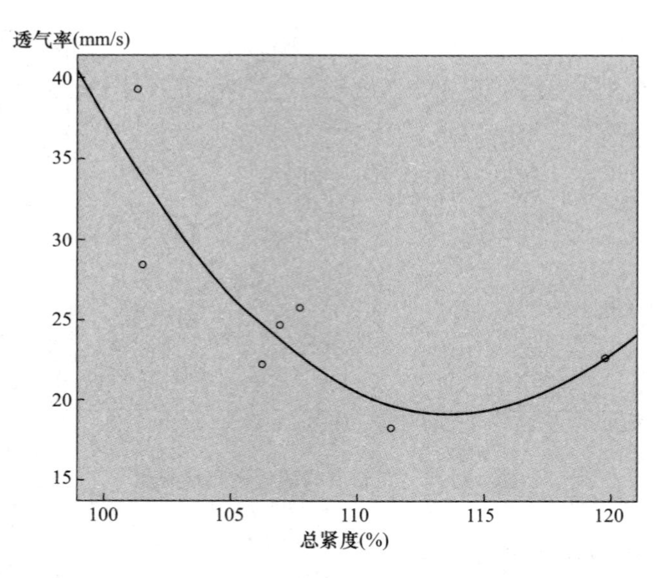

图 4-2-2　斜纹及其变化组织紧度与透气性关系数学模型示意图

2. 平纹织物紧度与透气性的关系

将数据输入 SPSS，首先用线性回归方程估计，SPSS 输出相关表格，得出的模型摘要见表 4-2-8。

表 4-2-8　平纹及其变化组织紧度与透气性关系数学模型摘要和参数评估

方程式	模型摘要				参数评估				
	R^2	F	df_1	df_2	显著性	常数	b_1	b_2	b_3
二次	0. 496	0. 984	2	2	0. 504	6161. 326	-144. 042	0. 845	0. 000
三次	0. 498	0. 990	2	2	0. 502	1961. 909	0. 000	0. 800	0. 006

注　自变量是紧度。

根据表 4-2-8 中得出的二次方函数，得出平纹及平纹变化组织织物的紧度与透气性的关系式为：

$$y=0.845x^2-144.042x+6161.326 \quad (4-2-2)$$

式中：y——织物透气率；

x——织物总紧度。

平纹及其变化组织织物紧度与透气性关系曲线如图 4-2-3 所示。

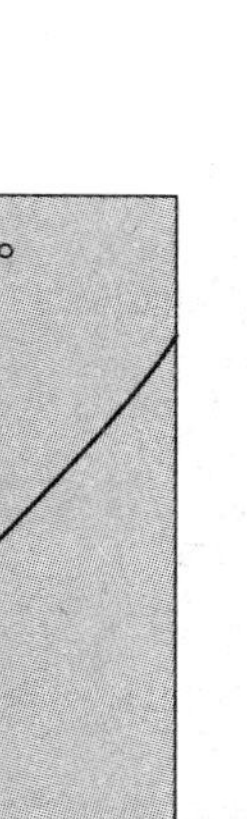

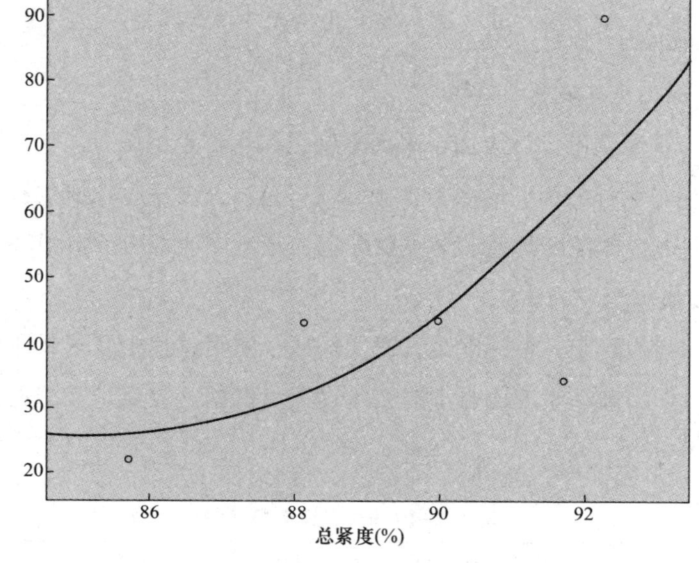

图 4-2-3　平纹及其变化组织紧度与透气性关系数学模型示意图

通过实验和计算可知，平纹及平纹变化组织机织过滤布的透气性随着织物紧度的增大而增大。

第三节　棉/麻混纺色织布的生产

一、原料的选择及性能特点

麻有许多品种，主要是黄麻、苎麻、亚麻等，本节以亚麻混纺产品为例介绍。

亚麻是一年一生的草本植物，属于维管束纤维，单纤维由果胶紧密黏结。亚麻的特点是纤维强度高，伸长变形小，耐腐蚀性好，吸湿透气性好，但纤维粗硬、抱合力差。经浸渍脱胶后制成精洗麻，多用于纯纺麻纱，价格贵。而加工长麻后的下脚料——二粗亚麻，过去一直没有得到很好的利用。为了充分发挥二粗亚麻的作用，开辟新的原料领域，近年来人们将二粗亚麻与其他纤维混纺，开发的品种有苎麻 15%、亚麻 15%、棉 70%的 19. 4tex（30 英支）混纺纱线，棉/麻混纺 45/55 的

28tex（21英支）纱线等。

二、棉/麻织物设计

1. 棉/麻织物外观设计

（1）在织物组织的设计方面，采用平纹组织、方平组织等。

（2）在色彩设计方面，既要考虑国际流行色，又要根据亚麻的特点，注意清爽淡雅，以高明度、低纯度的色彩为主要配色，花型设计采用条格型。

2. 织物规格设计

本着织物结构稳定，手感滑爽，透气舒适，使用过程中变形较小的原则，织物的紧度不能过大，经纬紧度比也不能相差过大。根据这些要求和分析，确定织物的规格，见表4-3-1。

表4-3-1 棉/麻织物规格设计

经纱线密度（tex）	纬纱线密度（tex）	经纬密度（根/10cm）	幅宽（cm）
19.4	19.4	315×228	91.44
28	28	252×212.6	91.44
53	53	201×185	91.44

三、棉/麻织物生产工艺流程的确定

色织棉/麻布产品有特定的技术要求，与纯棉、化纤织物截然不同，不能用常规工艺、技术条件生产。麻纤维的刚性大，质硬且挺，与棉混纺后毛羽多，毛茸重，给织造带来很大的难度，还要求在染色、织造、后整理的生产过程中，不损坏棉/麻织物挺爽、粗犷的风格。这就给生产色织棉/麻织物带来了难度。实践证明，不仅对关键部位需进行工艺和技术条件改进，而且从原料到成品也有一定的工艺要求。

工艺流程：原纱→染色→绞纱浆纱→络筒→分条整经→穿综筘→织造→坯布检验修整→翻缝→蒸喷→预缩→烘燥→定形→成品检验→打包。

四、遇到的质量问题和采取的工艺技术措施

由于棉/麻混纺纱毛茸重、粗细节多、单纱强力低等因素，造成的质量问题有：

断头率高，梭口开口不清，布面不平整，“三跳”疵点多，折痕、横档严重等，这些问题在织造中明显地反映出来，给生产造成不利。经探索，可通过以下几方面来提高质量。

1. 适当调整工艺参数

（1）提高开口清晰度。在不影响断头的前提下，适当提高梭口高度，确定梭口高度为 54~57mm。

（2）减少上下层经纱的张力差。在不影响实物质量和打纬的前提下，尽量减少上下层经纱的张力差，适当降低后梁位置，后梁位置为 80mm。

（3）开口时间提早。确定开口时间为 220mm±6mm，投梭时间为 223mm±3mm。

以上措施对减少断头、“三跳”疵点，提高布面平整度，具有良好的效果。

2. 适当提高车间湿度

经测试数据分析，车间相对湿度保持在 76%~78% 最佳，棉/麻纱含潮率在 12%时增强效果最好，但过于潮湿对机械不利。

3. 提高棉/麻纱的捻系数

由于棉/麻纱毛羽多、粗细节多、纱线条干不匀率高、强力低等因素，通过提高捻系数，可以提高纱线条干均匀度，如确定棉/麻纱的捻度为 18~20 捻/英寸。

4. 改善浆纱工艺

以被覆为主、渗透为辅的浆纱工艺，提高上浆均匀度。由于棉/麻纱毛羽多、强力低，织造时易开口不清、易断头，织物毛羽粘连、“三跳”疵点多，采用此工艺后，毛羽贴服，强力增加。

5. 提高染色牢度

除了加强色纱的分档管理外，主要是染色时必须减少和控制色花色差。棉/麻混纺纱的染色工艺和技术基本与纯棉相似，但由于麻纤维的表面光滑，质硬且挺，如果在脱胶处理过程中脱胶不清，不仅原纱光泽不佳、不匀，而且在染色时容易造成染色不匀。同时，虽然麻纤维易吸湿，但由于表面光滑，上色率和均匀度与纯棉有区别。因此，除了对原纱（本白纱）加强分批管理外，对染色工艺技术条件（包括工艺处方）须适当调整。对染色温度、上染时间、染色速度、染色浴化和染色用料量等，须按品种、按批量严格管理控制，并进行固色处理，从而保证色牢度。

6. 改进后整理工艺

采用独特的仿麻防缩整理新工艺技术，保持麻织物的特征。设备为预缩机，进布线速度为20m/min，蒸汽压力为0.1~0.2MPa，纬斜<2.5cm，缩水率经纬<5%。

第四节　计算机辅助设计配色模纹织物

设计有配色模纹效应的面料时，要了解配色模纹的设计方法，明确配色模纹设计应注意的问题。综合考虑面料的品种特点和市场定位，设计效果要因“地”因“时”而异。织物配色应根据织物的使用对象、地区、季节、年龄、性别等不同要求而有所不同。色彩设计还要符合流行色彩的要求、服装式样对色彩的要求等，把握色彩的变化周期与趋势。再结合计算机辅助设计，能更准确地确定织物的风格、色彩效果。要使色彩层次鲜明，花型更有立体感，从外观上争取潜在的市场。

一、配色模纹的发展与应用

配色模纹是通过经、纬色纱排列与织物组织配合使织物表面呈现出的一种色彩纹饰效应。这种由花纹效应所形成的图案较印花织物立体感强，更具有真实感，给人高档大方的视觉享受。在色织厂或毛纺织厂中，配色模纹设计与织物组织设计一样，是纺织品设计的一项重要内容。因此，在实际生产中，配色模纹图设计占有非常重要的地位。

配色模纹产品以其独特的风格受到顾客的喜爱，首先是产品的外观效应，其次是产品的质感和价格。因此，产品外观效应的设计极为重要。构成配色模纹的条件是色经排列、色纬排列和织物组织。改变其中任何一项构成因素，都会形成不一样的纹饰效应。因此，配色模纹花样层出不穷，设计者可以根据市场流行趋势调整设计效果。

二、配色模纹的设计方法

配色模纹的三大要素如下。

（1）织物的完全组织：即花纹出现重复之前，用最少的纱线所组成的小单元。

（2）色纱排列的状态：即各色纱的排列顺序和色纱的根数。

（3）纹板与色纱排列的相对位置：即完全组织与色纱排列的相对关系。

配色模纹图与织物组织图、色经排列图、色纬排列图的对应关系如图 4-4-1 所示。

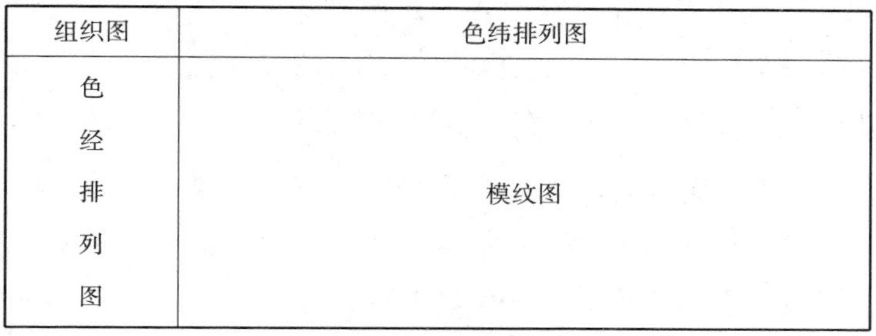

组织图	色纬排列图
色经排列图	模纹图

图 4-4-1 配色模纹关系图

1. 配色模纹的设计思路

（1）自行设计。开发人员将自己的经验积累或偶发灵感采用手工配图，由组织图、色经和色纬排列来确定模纹图。这一方法存在配置速度慢、想象空间小，甚至全部依赖经验设计等缺点。

（2）设计人员根据来样或经验得到模纹图样，再确定纱线的色彩及排列，最后根据模纹形成原理进行组织配置。

2. 传统设计方法与计算机辅助设计的结合

（1）传统设计方法的缺陷。常规的设计，往往要进行大量的试画，才能选出比较满意的方案。这也是现有织物配色模纹开发方法存在的缺陷。配色模纹是由色纱排列与织物组织二者配合形成的一种特殊外观，通过色纱和织物组织的各种搭配，可以获得各种配色模纹的外观效果，但是由于配色模纹图都是设计人员按照一定规律逐点手绘出来，循环较大的配色模纹图，设计费时、费力且容易出错。

（2）计算机辅助设计的优点。计算机技术兴盛发展，传统的经典也可以与先进的技术结合，运用计算机辅助设计（Computer aided design），即 CAD 系统，既节省时间又节省人力。机织物 CAD 的原理是利用图像技术将设计人员的设计意图以织物仿真模拟的方法快速、形象、直观地在计算机显示器上呈现。设计人员在计算机上输入组织和纱线排列，可以随心所欲地对织物图上各种颜色的经纬纱进行调色配色，尽情表达自己的设计思想，充分运用 CAD 系统，在设计过程中完成大量的设计草图。在纺织品 CAD 系统中，根据设计定位展开对织物风格、颜色、组织等设计要素的组合设计，并调整花型图案的大小和位置。草图可以存储或者由彩色打印机输出，也可把已定的设计图拍成照片收入产品开发系列中。

（3）配色模纹设计过程中的注意事项。配色模纹的大小与完全组织的大小有关，且与纱线排列循环的大小有关。模纹的大小必定是完全组织与色纱循环的最小公倍数。一般的设计，色纱循环是完全组织的整数倍。但特殊需要时也会采取素数的配置，则会扩大配色模纹的花型图案。这是一种有效增加花色品种的方法。织造时一定要注意，第一根纬纱与梭箱纹链第一根的相对位置必须是相应固定的；另外，同一组织，改变色纱排列，改变经纱和纬纱或其中之一，就会改变模纹的效果，因此，改变梭箱的配置也会改变模纹效果。

三、配色模纹织物设计实例

1. 设计意图和基本要求

饰纹效应能够满足人们对个性化、情趣化、时尚化的消费需求。配色模纹外观丰富多彩，富有立体感，广泛用于服装面料和装饰面料中，历来都是秋冬季服装面料的首选。

配色模纹系列的花型都是满地花设计，比较适宜制作简洁大方、轮廓清晰的服装，这种搭配可以起到弥补服装结构简单的效果。

2. 纹样设计依据及确定

面料的花型设计是较为专业的设计过程。因此，花型的设计和选择，要求必须能够体现立体、动态的美感，织物的花纹不一定耀眼夺目，但制作成服装后要非常耐看。花型作为面料的灵魂，直接影响着设计者的审美情趣和审美价值。常见的模纹图如图 4-4-2 所示。

配色模纹的效果表现往往是最被人们关注的，新颖大方的纹样才是赢得市场的关键。图 4-4-3 模纹图样为用简单的组织搭配色纱循环，采用简单的斜向纹路，加以颜色搭配而成。

3. 根据模纹图样确定色纱循环与织物组织

（1）根据模纹图样确定色纬排列循环。观察配色花纹的每一根纬纱，其中占优

图 4-4-2　常见模纹图

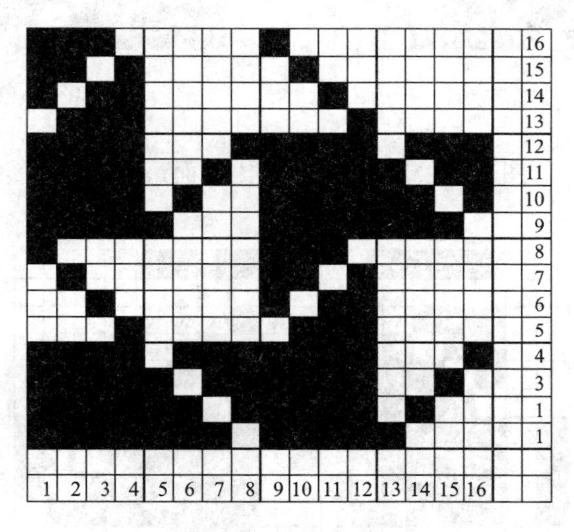

图 4-4-3　模纹图

势的颜色作为该根纬纱的颜色。如图 4-4-4 所示的配色花纹，图中第 1~4、第 9~12 根纬纱 A 色（图中为黑色）组织点占优势，故这 8 根纬纱暂定为 A 色，第 5~8、第 13~16 根纬纱 B 色（图中为白色）组织点占优势，故这 8 根纬纱暂定为 B 色。

（2）根据模纹图样确定色经排列。观察配色花纹的每一根经纱，其中占优势的颜色作为该根经纱的颜色。如图 4-4-5 所示的配色花纹，图中第 1~4、第 9~12 根经纱 A 色（图中为黑色）组织点占优势，故这 8 根经纱暂定为 A 色，第 5~8、第 13~16 根经纱 B 色（图中为白色）的组织点占优势，将这 8 根经纱暂定为 B 色。

（3）确定组织图。将配色模纹图各组织点的颜色与色经、色纬颜色进行比对，以确定织物组织。仅与色经颜色一致的必然是经组织点；仅与色纬颜色一致的必然是纬组织点；既与色经颜色相同、又与色纬颜色相同的则可以确定为经组织点，也

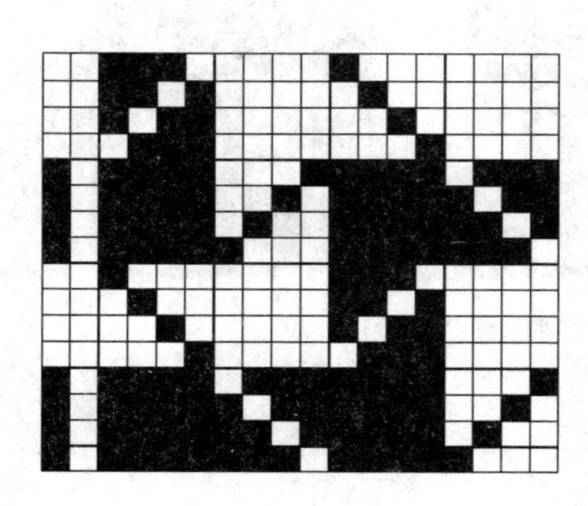

图 4-4-4　色纬排列图

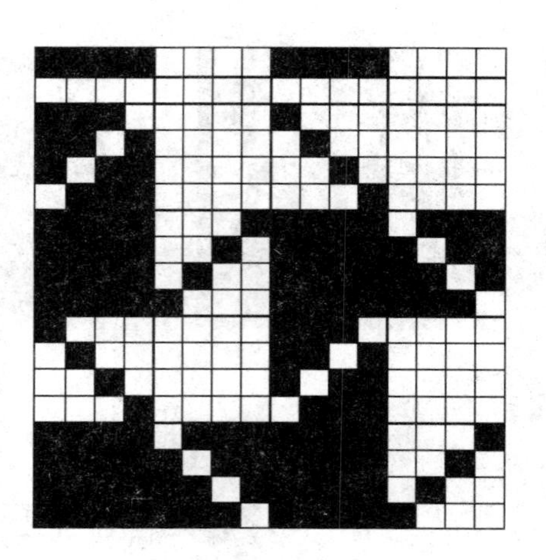

图 4-4-5　色经排列图

可以确定为纬组织点。图 4-4-6 所示为经过比对而最后确定的组织点。

J	J	J	W	K	K	K	K	J	W	W	W	K	K	K	K
J	J	W	J	K	K	K	K	W	J	W	W	K	K	K	K
J	W	J	J	K	K	K	K	W	W	J	W	K	K	K	K
W	J	J	J	K	K	K	K	W	W	W	J	K	K	K	K
K	K	K	K	J	J	J	W	K	K	K	K	J	W	W	W
K	K	K	K	J	J	W	J	K	K	K	K	W	J	W	W
K	K	K	K	J	W	J	J	K	K	K	K	W	W	J	W
K	K	K	K		J	J	J	K	K	K	K	W	W	W	J
J	W	W	W	K	K	K	K	J	J	J	W	K	K	K	K
W	J	W	W	K	K	K	K	J	J	W	J	K	K	K	K
W	W	J	W	K	K	K	K	J	W	J	J	K	K	K	K
W	W	W	W	K	K	K	K	W	J	J	J	K	K	K	K
K	K	K	K	J	W	W	W	W	K	K	K	J	J	J	W
K	K	K	K	W	J	W	W	K	K	K	K	J	J	W	W
K	K	K	K	W	W	J	W	K	K	K	K	J	W	J	J
K	K	K	K	W	W	W	J	K	K	K	K	W	J	J	J

图 4-4-6　确定经纬组织点

图 4-4-6 中，J 为经组织点处，W 为纬组织点处，K 则是经纬组织点都可以。

（4）确定组织图。图 4-4-7 为所确定的几个可以采用的织物组织图。通常，最后采用哪种组织图，由设计者而定，一般会考虑织物手感和牢度及织造方便程度。

根据已知的经纬组织点，最终确定该织物组织图为图 4-4-7(c)，因为图（c）

较前两个组织图的循环完整、简单、有规律可循，正好是 3/1↗和 1/3↖的联合组织，便于织造，经纬组织点交织次数合理，能保证织物的紧度与硬挺度。

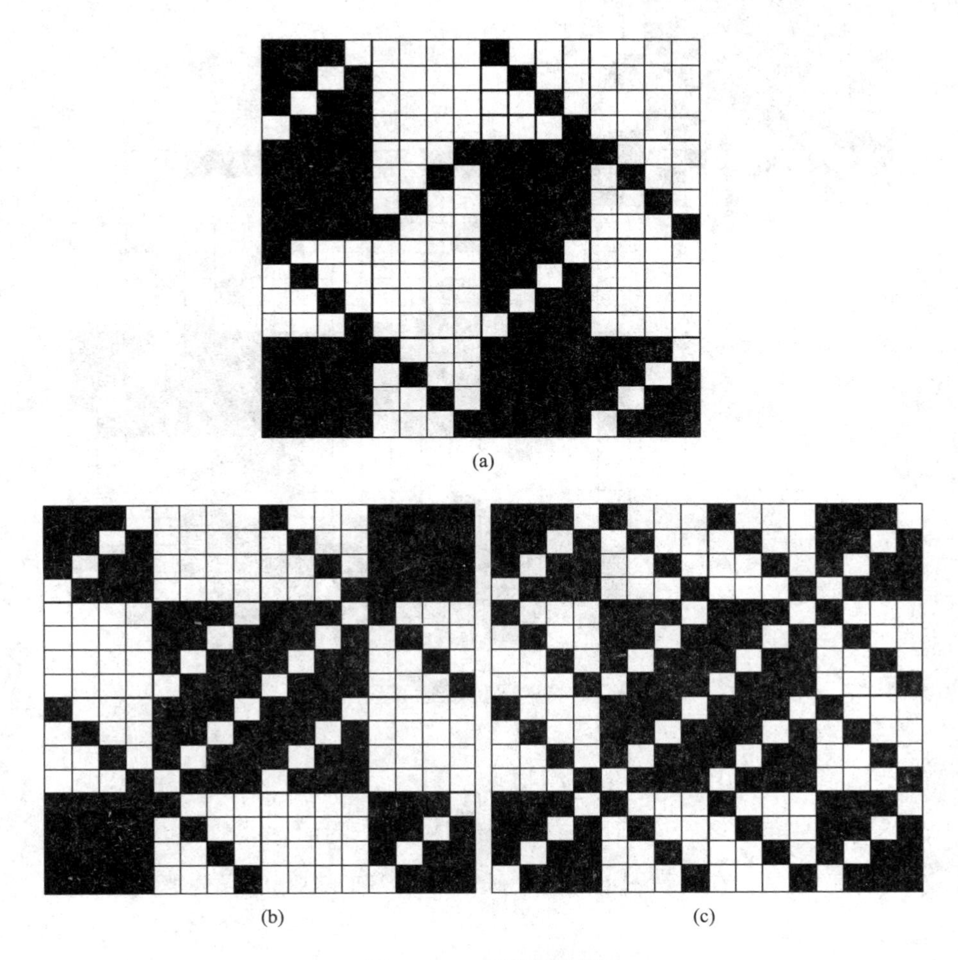

(a)

(b)　(c)

图 4-4-7　织物组织图

（5）织物配色模纹图（图 4-4-8）。

四、运用机织物 CAD 的一般过程

1. 组织准备

打开计算机：打开 Hitex 程序（上海双九有限公司设计）。

（1）点击文件夹新建，弹出“组织对话框”。

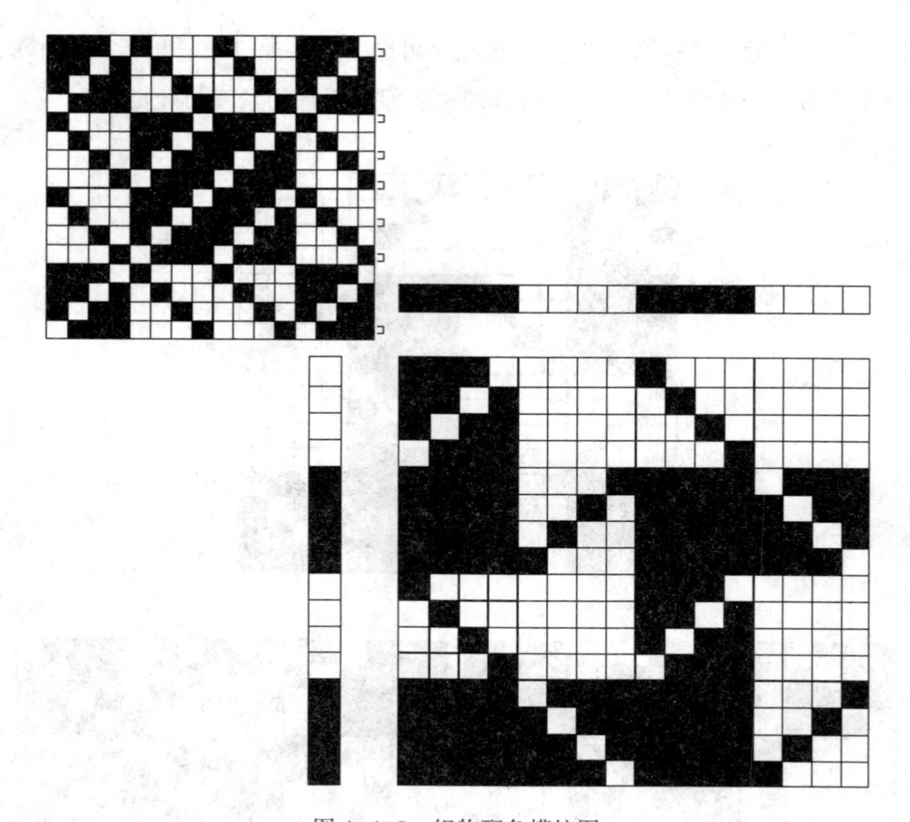

图 4-4-8　织物配色模纹图

（2）选择 1024×1024（一般机织物）。

（3）命名“组织名”，然后点击确定，进入组织界面。

（4）用工具笔，在组织图上点击，画出 3/1↗和 1/3↖的联合组织。

2. 纱线设计

（1）在快捷图表中点击“纱线设计”。

（2）在纱线选择窗口中选择纱线细度、纱线原料、纺纱方式、纱线线密度（自定义）、纱线颜色等各项形成因素。最终确定纱线的线密度为（42tex×2）×2（用接近的纱支 13 英支的合股线表示）。

3. 织物制织

（1）纱线准备。点击“织物制作”窗口的纱线准备，分别选择经纬纱规格。

（2）织物制织。进入纱线排列窗口，选择好需要的纱线排列根数、织物密度后，点击“插入”，完成经纱排列和纬纱排列，形成织物。

在CAD系统中，织物外观模拟的基础是纱线的选择和排列，因而纱线排列方案设计是必不可少的步骤。纱线排列有两种：一种是包含有纱线各种物理特征的实际纱线排列，这些物理特征包括捻度、直径、混纺比、毛羽程度、颜色等，通常这类纱线以纱线文件的方式储存，因此，纱线排列后所形成的织物外观模拟真正体现了较真实的织物效果，但在织物模拟上存在技术难度；另一种是特指纱线颜色的排列，忽略纱线其他的物理特征，即通常所说的色纱排列，形成的织物外观仅体现织物外观的配色效果。

（3）色彩配置。织物CAD系统根据织物组织、经纬纱排列和所选择的纱线自动生成织物的模拟图后，还应对各种纱线进行调色配色。纱线调色配色包括两方面内容。一是对某根或某组纱线进行任意调色，在确定了要配色的纱线后，织物外观立即发生变化；二是对纱线的套色方案进行设计，就是在形成纱线的某种配色方案后，以该方案为基础，形成若干种相似的配色系列，即若干种套色。使配色模纹设计快捷而方便。

在织物CAD系统、测色配色系统、纹样设计系统中，通常要在用户界面上指定纱线、织物、纹样等对象的色彩。如果系统中只有少量颜色可供选择，界面上可使用菜单或颜色面板来选择颜色样品。但是，当可选颜色过多时，最好用颜色的三维空间表示，直接进行交互式指定（即拖动滚动块选择颜色区域范围来定位颜色）。

在面料色彩的设计上，必须重视“流行色”，选择合乎时代风格的颜色，即时髦色。在一定的时期和地区内，特别受消费者欢迎的几种或几组色彩和色调，会成为风靡一时的主销色。

（4）最终模纹效果图。最后的模纹效果图如图4-4-9所示。

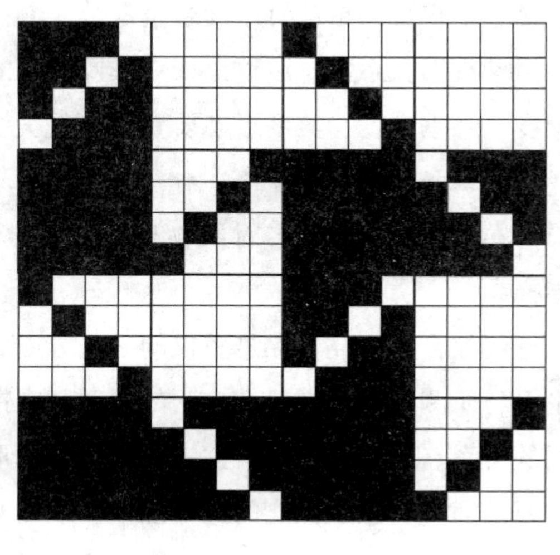

图4-4-9　模纹效果图

（5）在“功能选项”中选择“设置织物立体效果”，就可以提前查看织物的立体效果图。选择“设置纺织重复”并输入相应参数后，就可得到相应的重复织物模拟，选择“织物预映”，再选择“显示器的大小”，选择好放大倍数后，还可以看到织物真实的模拟效果。

第五节 织物悬垂性能评价指标及影响因素

织物在受到本身重量及刚柔程度等影响而表现的下垂特性，称为悬垂性。它是决定织物视觉美感的重要因素之一。悬垂性良好的织物能够形成光滑流畅的曲面造型，具有良好的舒适性，给人视觉上的享受。所以某些服装和装饰织物要求具有较好的悬垂性，如裙装、外衣、帷幕、窗帘、桌布等，织物的悬垂性对服装的造型也十分重要。

织物悬的垂性能作为织物风格的一个重要因素，对它的认识以及研究关系到面料的开发与生产、服装加工面料的选择、服装的制作以及服装销售等，得到国内外学者的广泛重视和关注。

一、织物悬垂性能评价指标综述

1. 织物悬垂性能指标的建立

随着悬垂性理论研究和测试方法的进步，提出了许多表达和评价指标。如反应织物悬垂程度的指标有平面悬垂系数、侧面悬垂系数、悬垂比；反应悬垂曲面形态的指标有形状系数、波纹曲线波长及波高的总均方差、悬垂凸条数、折角数、弯曲刚度、悬垂高度、美度形态要素及悬垂美度、美感系数、波纹数。

2. 织物悬垂性能评价分析

在国内，研究学者对织物悬垂性能进行了大量研究并都总结了一些相应评价指标。

例如，有研究者在悬垂仪的研制方面做了大量研究，深入讨论了织物悬垂支撑平台与所测织物试样尺寸之间的关系即支撑平台旋转速度与动态悬垂测试准确性之间的关系。此外，还有研究者对丝织物的形态风格进行研究，提出织物的形态风格主要是通过其悬垂性能的好坏加以体现的，悬垂系数并不能全面地评价织物的悬垂性能。提出表征悬垂性指标有：悬垂系数、悬垂凸条数、平均悬垂角、悬垂方向不对称度、平均悬垂半径。

相关文献关于织物悬垂性能评价的指标阐述都是从纯几何的角度提出来的，省去了对织物的力学性能与悬垂性之间关系的分析，取代了仅仅通过悬垂系数对织物悬垂性进行评价的局限性。

二、织物悬垂性能影响因素分析

1. 织物力学性能的影响

利用织物风格仪 KES-F 系统测得的力学性能，经分析认为在 KES-F 提供的包括织物的拉伸、剪切、弯曲、压缩、表面特性 5 大性质共 16 个力学指标中，弯曲刚度和重量对悬垂性能的影响最大。

2. 织物结构参数的影响

织物结构参数一般指织物经纬密度、平方米重、厚度等，从书上的理论研究与阐述来看，织物结构各因素对悬垂性能的影响如下。

（1）织物厚度的影响。当其他因素都相同时，织物的厚度对悬垂性的影响主要是靠改变织物的重量和刚柔性。

（2）织物密度的影响。在一定条件下，经密和纬密对织物悬垂性的影响不一样，一般来说经密越大，悬垂系数越小，织物悬垂性越好；纬密越小，悬垂系数越小，织物悬垂性越好。

（3）织物重量的影响。织物重量是织物悬垂性的一种重要因素。重量越大，悬垂系数越小，悬垂性越好。

（4）织物拉伸性能的影响。织物的断裂伸长率越大，织物的悬垂性能越好。

（5）织物弯曲性能的影响。悬垂系数与织物的纬向弯曲刚性存在正比例关系，纬向弯曲刚性越大，织物越不易弯曲，悬垂性能越差。而悬垂系数与经向弯曲刚性之间的相关性较低。

三、关于对织物悬垂性主要影响因素的实验

传统的织物悬垂性测试方法是伞式法，最常用的仪器是 YG811 型织物悬垂性测定仪。

材料、组织结构会使织物具有不同的力学性能，如弯曲刚性、弹性、拉伸性能

等。而这些力学性能与悬垂性都有密切的联系。

1. 基本知识及实验原理

织物的悬垂性是一个非常重要的外观特性，它是指织物因自重而下垂的性能。悬垂性好的织物会产生自然美丽的折裥。某些特殊用途的织物，要考虑它的悬垂性，如窗帘、帷幕、夹克衫、裙子等。悬垂性的好坏可在实验室测得。测试方法是将一定面积的圆形织物试样放在一定直径的小圆盘上，织物依自重沿小圆盘周围下垂呈均匀折叠形状，然后从小圆盘上方用平行光线照射，得到一个水平投影图，根据试样悬垂投影面积与试样原面积的比值计算出悬垂系数。悬垂系数越小，表示织物越柔软，悬垂性越好；反之，则越差。

2. 实验材料

采用涤纶面料，其中试样 1~5、6~9、10~12、13~14 分别为同一批次的涤纶，仅仅是经纬密度不同，每个试样测试 2 次，面料规格与测试数据见表 4-5-1。

表 4-5-1　实验试样的相关数据

试样序号	经密（根/cm）	纬密（根/cm）	平方米克重（g/m^2）	组织	悬垂系数 F_1	平均悬垂系数 F
1	49	33	208	3/2 变化斜纹	31.89	31.65
					31.4	
2	57	26	233	3/2 变化斜纹	28.03	27.75
					27.46	
3	59	26	241	3/2 变化斜纹	27.86	27.95
					28.09	
4	75	26	270	3/2 变化斜纹	27.11	26.59
					26.03	
5	75	24	278	3/2 变化斜纹	26.49	26.31
					26.13	
6	77	24	213	3/2 变化斜纹	25.93	25.58
					25.22	
7	77	24	269	3/2 变化斜纹	25.24	25.29
					25.33	
8	62	28	233	3/2 变化斜纹	27.93	28.28
					28.62	

续表

试样序号	经密（根/cm）	纬密（根/cm）	平方米克重（g/m^2）	组织	悬垂系数 F_1	平均悬垂系数 F
9	62	27	223	3/2 变化斜纹	27.75	28.4
					29.04	
10	44	35	231	3/2 斜纹	46.51	46.45
					44.39	
11	43	35	284	3/2 斜纹	46.36	45.17
					43.97	
12	52	28	379	3/2 斜纹	28.67	28.45
					28.23	
13	51	24	307	3/2 变化斜纹	29.3	28.69
					28.08	
14	56	24	213	3/2 变化斜纹	28.24	28.3
					28.35	
15	51	30	207	绉组织	30.85	30.66
					30.47	

四、数据分析

1. 织物密度的影响

织物经纬密度与悬垂系数的关系，用折线图 4-5-1、图 4-5-2 表示。

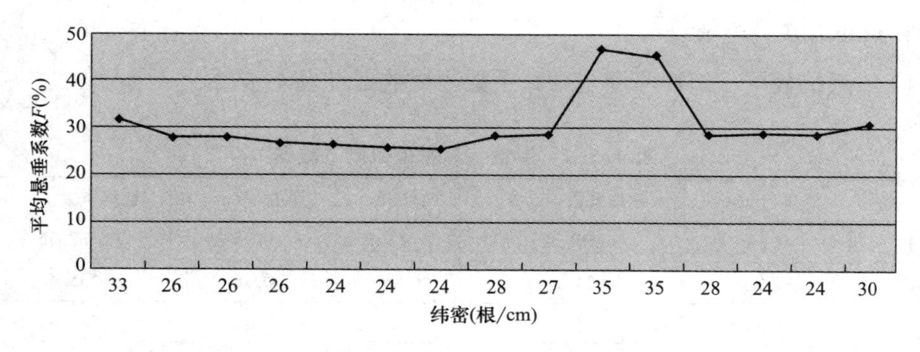

图 4-5-1　织物纬密与悬垂系数的折线图

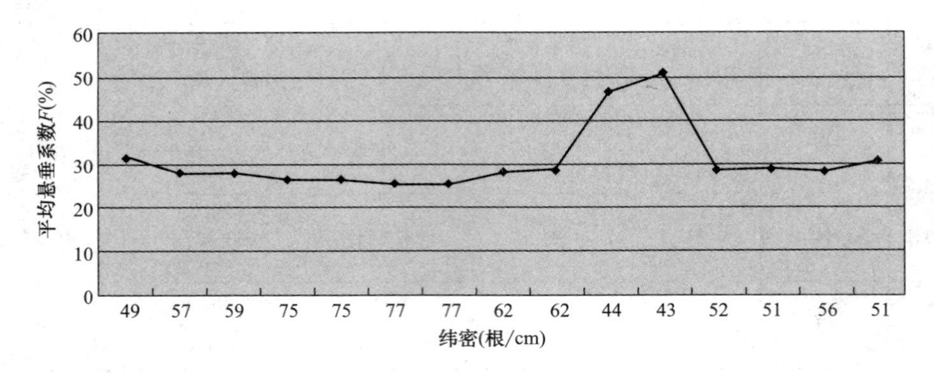

图 4-5-2　织物经密和悬垂系数的折线图

2. 平方米克重的影响

平方米克重与悬垂系数的关系，如图 4-5-3 所示。

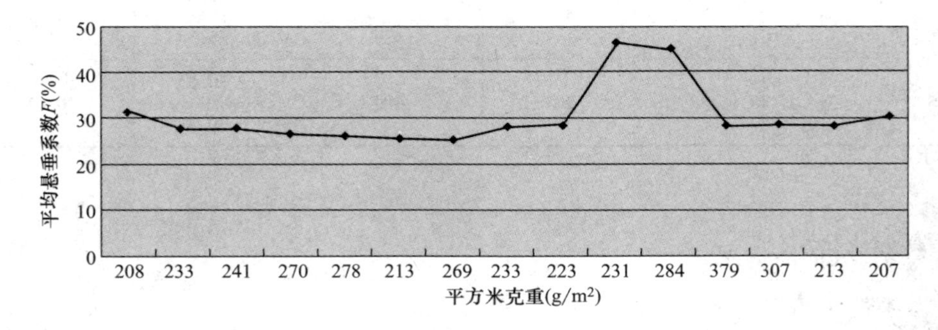

图 4-5-3　织物平方米重量和悬垂系数的折线图

3. 织物厚度的影响

（1）测试数据。织物厚度与悬垂系数测试数据见表 4-5-2。

表 4-5-2　厚度与悬垂系数测试数据

试样	厚度（mm）	悬垂系数 F（%）	试样	厚度（mm）	悬垂系数 F（%）
1	0.53	19.32	11	0.75	32.56
2	0.60	24.51	12	0.76	35.40
3	0.66	24.77	13	0.77	31.94
4	0.67	22.57	14	0.78	32.35
5	0.69	29.54	15	0.83	36.12

续表

试样	厚度（mm）	悬垂系数 F（%）	试样	厚度（mm）	悬垂系数 F（%）
6	0.69	24.22	16	0.89	38.46
7	0.70	26.32	17	0.98	38.56
8	0.70	27.44	18	1.00	39.61
9	0.72	30.22	19	1.10	39.12
10	0.74	32.11	20	1.12	38.77

（2）织物厚度与悬垂系数的关系，如图 4-5-4 所示。

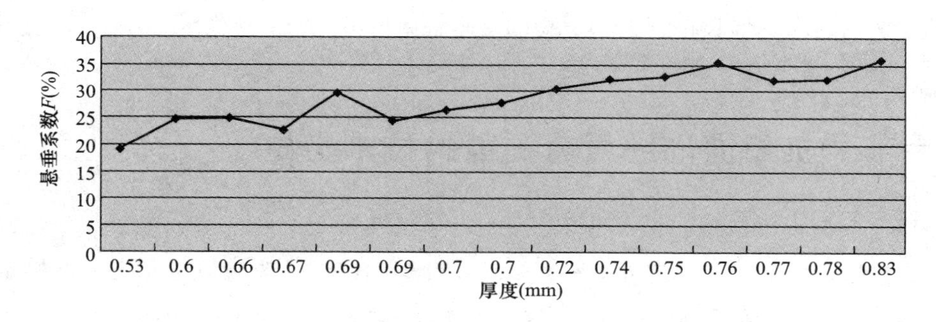

图 4-5-4　织物厚度与悬垂系数的折线图

织物厚度主要是靠改变重量和刚柔性来影响织物悬垂性的。当织物原料和组织等其他因素都相同，仅厚度不同时，在一定范围内，织物越厚，悬垂系数越大，悬垂性越差。通过数据可以发现，厚度在 0.5～0.8mm 时，厚度越大，织物的悬垂系数越大，悬垂性越差，此时，织物的重量改变量比刚柔性的改变小；而厚度在 0.8mm 以上的织物，悬垂系数变化不大，则是因为织物的重量改变量和刚柔性的改变量相差不大。

五、结论

（1）通过对试样 4 与试样 15 的物理指标及测试结果对比分析可知，在织物经纬原料、捻度及后整理工艺相同，而织物的经纬密度、平方米克重及组织不同时，密度及重量对织物悬垂性的影响要大于组织结构的影响。

（2）在织物的组织结构中，交织点少的织物比交织点多的织物具有较好的悬垂性。

（3）在试验得到的折线图中可以发现，经密和纬密对悬垂系数的影响不相同。经密越大，悬垂系数越小；纬密越大，悬垂系数越大。

（4）在同等条件下，随着平方米克重的增加，悬垂系数在不断减少，这和平方米克重在自重下垂时受到的负荷有关。

（5）织物厚度对悬垂性有一定的影响，厚度与织物的悬垂系数之间为正相关，即在织物的原料和组织相同时，织物在具有一定厚度的前提下，织物越厚，悬垂系数越大，悬垂性越差。

（6）相关资料数据研究分析后发现，拉伸强度与悬垂系数之间的关系不明显。但是，织物的断裂伸长率越大，织物的悬垂性越好。

第六节　机织泡泡纱质量提高的技术措施

根据生产实际，正确选择原料，合理设计织物组织，改善设备状态，严格掌握标准等，可以提高泡泡纱的质量。

一、原料的选择

1. 经纱的选择

经纱宜选用弹性较好、刚性较大的纱线。泡泡纱是以泡泡形态的优美来反映外观质量的。原料的弹性越好，刚度越大，泡泡的凸凹效果越明显，屈曲波就越高，且泡大而均匀。但原料的弹性和刚度过大，织物会有粗糙感。

2. 原料的选用依据

泡泡纱大多用于衬衣及床上用品，要求吸湿、透气性好，因此应选用纯棉为好。但从泡泡的挺括性上来看，涤/棉效果要好于纯棉。因此，综合考虑，宜采用65/35 涤/棉与纯棉纱线为原料。

3. 纱线线密度的选择

泡经采用粗特纱或双股线，其弹性和刚度均大于地经，泡泡的屈曲波高，起泡效果就好，因此，一般地，泡经线密度比地经大一倍或采用双股线。涤/棉、纯棉纱线的泡经原料影响泡泡的效果及质量，分析见表 4-6-1。

表 4-6-1　原料与质量情况对比

品种及纱线线密度＼项目		泡泡效应	质量
纯棉	28tex	一般	92.1%
	18tex×2	较好	92.1%
涤/棉	18tex×2	好	88.7%
	13tex×2	好	88.7%

从表 4-6-1 可以看出，股线及涤/棉的泡泡效应好，纯棉及股线的质量高。而涤/棉泡型好、质量差，主要是由于浆纱质量引起。

二、织物设计

1. 织物规格及质量参数

泡泡纱产品的织物规格及质量参数见表 4-6-2。

表 4-6-2　泡泡纱产品的织物规格及质量参数

	品种		涤/棉泡泡纱		纯棉泡泡纱
织物规格	原纱线密度（tex）	经	18×2+18	13×2+13	18×2+18
		纬	18	13	18
	织物密度（根/10cm）	经	267.5	362	267.5
		纬	267.5	275.5	264.5
	幅宽（cm）	坯	120	96	120
		成	114	91.44	114
	织物组织		平纹		平纹
质量参数	经向缩水率（%）		3		7
	纬向缩水率（%）		2		5
	纬斜率（%）		3		3
	经强度加工系数		0.9		0.9
	纬强度加工系数		0.85		0.85
	色牢度（摩擦）		干 3~4，湿 2~3		干 3，湿 2
	送经比		1.24~1.30		1.24~1.30
	经密加工系数		1.02		1.02
	纬密加工系数		0.95		0.99

2. 设计要求

（1）泡经采用 13tex×2 及 18tex×2；

（2）地经采用 18tex 及 13tex；

（3）泡经根数占总经根数的比例为 30%～50%；

（4）起泡宽度为 0.4～1.5cm；

（5）色彩要求：主要采用白纱或浅色纱。

3. 经纬密度对起泡效果的影响

密度高的品种，起泡效果好，因为经纬密度高，经纬交织次数增多，增加了泡泡纱线间的摩擦力，使经向与纬向之间的滑移性变小，泡泡不易变形。同时，地经和泡经的送经差异更大，泡形更易形成，但要合理配置，否则浪费原料且使紧度变大，与使用要求不符。

4. 织物组织的影响分析

因为泡泡纱织物是由于泡经、地经送经量不同，差异大，织缩不同造成的。由于平纹交织点多，织缩大，就更造成泡经和地经织缩差异加大，使得泡泡突出且质地较挺括；如果采用斜纹组织，泡泡显得不太规整。具体分析见表 4-6-3。

表 4-6-3　织物组织对泡泡效果和质量的影响

组织	质量	泡泡效应	质量（%）
平纹	好（规范整齐）	好	92.56
斜纹	差（软塌）	差	81.23

5. 泡条宽度的影响分析

起泡宽度以 0.4～1.5cm 为佳，当泡条宽度在 0.4cm 以下或超过 1.8cm 时，泡泡的效应就差，原因是泡条过窄，纬纱在泡条方向的自由长度短，打纬时泡经受平纹组织的制约，常被纬纱拉住，使泡峰与泡谷不明显。当泡条过宽时，纬纱自由长度加长，尽管泡很大，经过整理后，易产生瘪泡、塌泡，泡泡的均匀度就差。具体分析见表 4-6-4。

6. 泡经和地经送经比的选择

泡泡纱泡经和地经送经比的选择与泡条宽度有关。泡经和地经送经比差异小，泡泡的泡峰与泡谷不明显；泡经和地经送经比差异太大，则泡经易松弛，造成停经

表 4-6-4　泡条宽度与效果及质量的关系

泡宽（mm）＼项目	泡型状况	泡高（mm）	纬纱自由长度	质量（%）
5~15	泡型好	1~1.3	适中	93.15
≤4	泡泡不明显	不大于0.9	短	88.23
≥18	瘪塌泡多	不小于1.5	长	80
不大于6	泡泡均匀度差	不大于1.0	很难控制	—
不小于13		不小于1.3		

片下垂，空关车次数增加，同时还会影响织机的开口清晰度。一般纯棉精梳泡泡纱的送经比为1∶(1.24~1.28)；涤/棉泡泡纱的送经比为1∶(1.26~1.28)。分析见表4-6-5。

表 4-6-5　送经比与泡泡质量的关系

地经与泡经比	织机停台（次/班）	外观质量
1∶1.22	0~2	泡小不美观
1∶1.30	2~5	布面丰满
1∶1.35	频繁停车，影响挡车操作	星跳增多

三、主要设备及工艺参数

1. 络筒

机型：1332P型、1332M型络筒机。

2. 整经

机型：1452整经机。

车速：180r/min。

张力：整经张力配置见表4-6-6。

表 4-6-6　整经张力配置

	纱线线密度（tex）	前	中	后	边
上	13×2	6	5	4	—
中		7	6	5	8
下		6	5	4	—

续表

	纱线线密度（tex）	前	中	后	边
上	18	5.5	4.5	4	—
中		6.5	5.5	5	7
下		5.5	4.5	—	—

3. 浆纱

机型：G142B-180 型浆纱机。

车速：20~30m/min。

浆槽温度：涤/棉纱 75~80℃，纯棉纱 95~98℃。

汽压：0.2~0.45MPa。

主要浆料成分见表 4-6-7。

表 4-6-7　浆料配方

化学浆		淀粉浆	
成分	重量（kg）	成分	重量（kg）
PVA	150	小麦粉	160
CMC	30	二萘酚	1
二萘酚	1	羊油	8（夏季减半使用）
甘油	3	乳化油	6
平平加	2	甘油	3
乳化油	6	—	—

四、织布

机型为 1515（1×4）型多臂多梭织机，泡轴装置为上轴式。主要上机工艺参数如下。

车速：170r/min；

开口时间：225mm±5mm。

投梭时间：225mm±5mm。

投梭力：开关侧 275mm，换梭侧 210mm（里测量）。

泡经比地经略高 1~3mm，减少空关车，提高开口清晰度。

泡经导纱辊距地经 25mm，减少泡地经摩擦，以便于接头操作。

五、关键工序

泡泡纱的生产，前织以达到张力均匀、清除纱疵，提高经轴、纡子质量为前提；后织是以提高泡泡均匀度及效应为目标。关键是浆纱和织造两道工序。

1. 浆纱

（1）浆料的选择。涤/棉纱虽强力高，弹性好，但吸湿、吸浆性能差。经染色后又毛茸丛生，纱线间摩擦系数大，在织造过程中，经纱间易摩擦起毛、起球，使开口不清，织疵增多。同时涤/棉纱有明显的静电，使纤维蓬松，强力下降，故上浆以被覆为主。为使毛羽帖服并兼顾适当渗透，使浆膜薄而坚韧、光滑而有弹性，因此要求浆料流动性要好，黏着力要强，故采用 PVA 为主要浆料，并加入平平加以增强抗静电性，加入甘油增加柔软性。

纯棉纱线渗透力强，吸湿率高，为降低成本，采用淀粉浆为好，但需加入乳化油，改善浆液的流动性、成膜性。

（2）上浆率的选择。泡泡纱要求泡经刚度好、韧性好，纬纱对泡经的牵制作用减小，使泡经屈曲度大，泡泡效应显得突出。因此，涤/棉泡经上浆率要求 9%~11%，纯棉为 8%~10%。

2. 织造

泡泡纱在织造过程中影响质量的因素很多，如机械状态、泡经占总经比、泡泡宽度、纱线线密度、织物组织等。根据下机产量 89216.8 万米，其中织疵 13927.4m，织疵分析见表 4-6-8。

表 4-6-8　织疵分析

项目	频数（m）	频率（%）	累计（%）
泡不匀、无泡	9286.3	66.7	66.7
稀密路	2062.7	14.8	81.5
油污	725.2	5.2	86.7
拆痕	631.6	4.5	91.2

续表

项目	频数（m）	频率（%）	累计（%）
三跳	598.2	4.3	95.5
其他	623.4	4.5	100
合计	13927.4	100	100

从表4-6-8可见，泡不匀或无泡为主要质量问题。原因有很多，除了上述原因外，上机参数不合理，起泡装置不灵活，整经张力不匀，泡经、地经张力调节不当等都能影响泡泡的均匀度。而在诸多因素中，以解决稳定送经比、调节控制好张力最重要。

六、技术措施

1. 解决织物批与批之间的泡泡不匀的措施

主要是各机台泡经与地经送经比不一，是上机工艺参数没调整好所造成，要求上轴工认真执行工艺，挡车工随时检查。

2. 解决同一机台上前后匹泡泡不匀的措施

造成同一机台上前后匹泡泡不匀的原因是织机在运转过程中，泡经和地经送经比随机械、温湿度等的变化而变化，未得到及时调整，需要挡车工勤巡回，多观察以及时解决。

3. 解决布面上泡泡不匀的措施

布面上泡泡不匀一般是由于双轴传动装置中的部件磨损、松动，齿轮安装不良，啮合太紧或不正，导致产生不规则送经所引起。需要保养工及时修正、更换，安装平齐，使之回转灵活。

4. 解决布面上各泡条间不匀的措施

布面上各泡条间不匀主要是整经时各条带之间经纱张力不匀，或吊综不平齐、上机张力不匀等造成。要求高速整经时，控制好张力；分条整经车速不能时快时慢，防止经纱间张力不匀；织轴圆整度要高。

5. 解决布面上纬向起泡不匀的措施

布面上纬向起泡不匀一般是拆坏布、被动换梭所引起的。要求拆坏布后要注意布面张力，擦净布面毛茸；挡车工做到勤巡回、主动换梭，若被动换梭要退出卷曲齿轮 1~2 齿。

第七节　织物结构对缩水性的影响

一、织物收缩机理

织物在浸水之后会发生一定收缩，一个原因是纤维吸收水分后发生膨胀，纱线直径增加，在织物中的屈曲程度增大，迫使织物收缩；另一个原因是在织造过程中，为保持整经平整、开口清晰，一般会给经纱加上一定的张力，纬纱在被牵引的过程中也会受到一定程度的机械外力，致使留下潜在应变，织物一旦浸水，纱线就处于自由状态，织物自然会收缩。

二、缩水率的影响因素

根据织物的收缩机理可以看出，影响织物缩水率的因素主要与织物的原料种类、组织结构、加工条件等因素有关。在缩水率测定时，影响织物缩水率的因素也很多，如洗涤的水温、烘干方法及是否加洗涤剂等，都会对缩水率产生影响。

三、实验方法

实验时采用 YG701E 型全自动织物缩水率试验机测试，选择标准程序 6 进行洗涤，洗涤时间 40min，无加热。在样品放入试验机前，在织物的经向和纬向分别标记三组对照点，经向点标记时，上下让出布边 5cm，纬向点标记时，左右让出布边 7cm。在规定的范围内做好线钉，并准确测量线钉之间的距离，做好记录。洗涤后，脱水悬挂晾干。再次测定各个线钉之间的距离，记录并计算出缩水率，根据三组线钉的数据求出平均数，用该平均数代表织物的经向缩水和纬向缩水，利用这些汇总制成表格，便于分析。

缩水率的计算：

$$缩水率=\frac{洗涤前长度-洗涤后长度}{洗涤前长度}\times 100\%$$

（1）同一块样品中经向密度和纬向密度对缩水率的影响。将实验数据汇总，算出缩水率，联系经向密度和纬向密度制成表格，便于分析，见表4-7-1。

表4-7-1　织物缩水率与经向密度和纬向密度的对照表

原料	组织	经密（根/10cm）	纬密（根/10cm）	经向缩水率（%）	纬向缩水率（%）
涤纶	平纹	166	190	0.46	0.7
涤纶	斜纹	166	198	0.86	0.9
涤纶	缎纹	166	300	1.1	1.56
涤纶	平纹	244	174	0.867	0.9
涤纶	斜纹	244	188	0.9	1.3
涤纶	缎纹	244	250	1.3	1.56
纯棉	平纹	166	206	1.13	1.53
纯棉	斜纹	166	256	1.33	1.53
纯棉	缎纹	166	374	1.53	1.8
纯棉	平纹	244	180	1.1	1.3
纯棉	斜纹	244	204	1.3	1.56
纯棉	缎纹	244	240	1.57	2
腈/棉	平纹	166	164	1.34	1.6
腈/棉	斜纹	166	200	1.77	2
腈/棉	缎纹	166	328	2	2.46
腈/棉	平纹	244	156	1.13	0.23
腈/棉	斜纹	244	164	1.8	0.67
腈/棉	缎纹	244	288	1.9	2

表4-7-1中的数据，同一行表示同一块样品，由数据可知，同一块样品，当经向密度大于纬向密度时，经向缩水率大于纬向缩水率；同样，当纬向密度大于经向密度时，纬向缩水率大于经向缩水率。

这是因为，同一块布内，经向密度大于纬向密度时，经纱在织造时受到的外力较大，当除去外力后，经纱的屈曲程度增加幅度也就大于纬纱，因此造成了经向缩水率大于纬向缩水率的现象。

（2）不同组织对经向缩水率的影响。将相同原料、相同经向密度、不同组织的织物缩水率列入表中。同时再联系纬向密度这一项目指标，对比观察。数据整理见表4-7-2～表4-7-7，对照图如图4-7-1～图4-7-6所示。

表 4-7-2　涤纶织物经向密度相同（经密小）、不同组织经向缩水率对照表

原料	经向密度（根/10cm）	组织	经向缩水率（%）
涤纶	166	平纹	0. 46
涤纶	166	斜纹	0. 86
涤纶	166	缎纹	1. 1

表 4-7-3　涤纶织物经向密度相同（经密大）、不同组织经向缩水率对照表

原料	经向密度（根/10cm）	组织	经向缩水率（%）
涤纶	244	平纹	0. 867
涤纶	244	斜纹	0. 9
涤纶	244	缎纹	1. 3

表 4-7-4　纯棉织物经向密度相同（经密小）、不同组织经向缩水率对照表

原料	经向密度（根/10cm）	组织	经向缩水率（%）
纯棉	166	平纹	1. 13
纯棉	166	斜纹	1. 33
纯棉	166	缎纹	1. 53

表 4-7-5　纯棉织物经向密度相同（经密大）、不同组织经向缩水率对照表

原料	经向密度（根/10cm）	组织	经向缩水率（%）
纯棉	244	平纹	1. 1
纯棉	244	斜纹	1. 3
纯棉	244	缎纹	1. 57

表 4-7-6　腈/棉织物经向密度相同（经密小）、不同组织经向缩水率对照表

原料	经向密度（根/10cm）	组织	经向缩水率（%）
腈/棉	166	平纹	1. 34
腈/棉	166	斜纹	1. 77
腈/棉	166	缎纹	2

表 4-7-7　腈/棉织物经向密度相同（经密大）、不同组织经向缩水率对照表

原料	经向密度（根/10cm）	组织	经向缩水率（%）
腈/棉	244	平纹	1. 13
腈/棉	244	斜纹	1. 8
腈/棉	244	缎纹	2

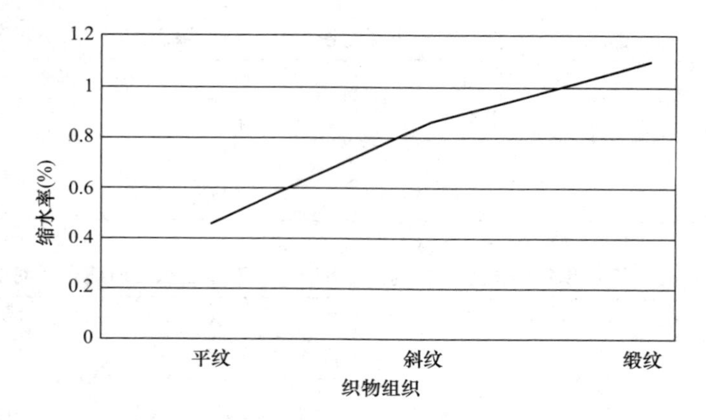

图 4-7-1　涤纶织物经向密度相同（经密小）、不同组织经向缩水率对照图

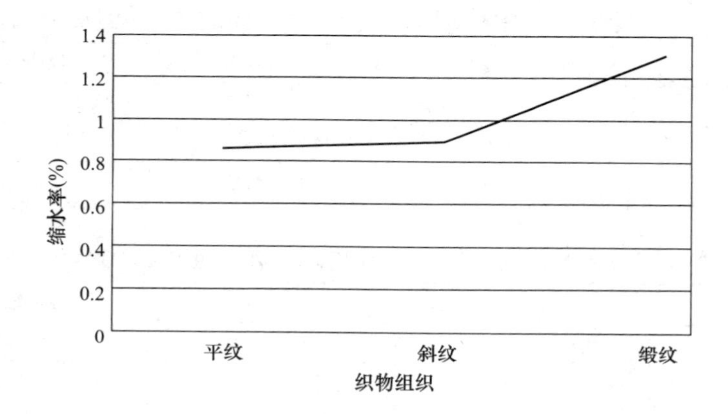

图 4-7-2　涤纶织物经向密度相同（经密大）、不同组织经向缩水率对照图

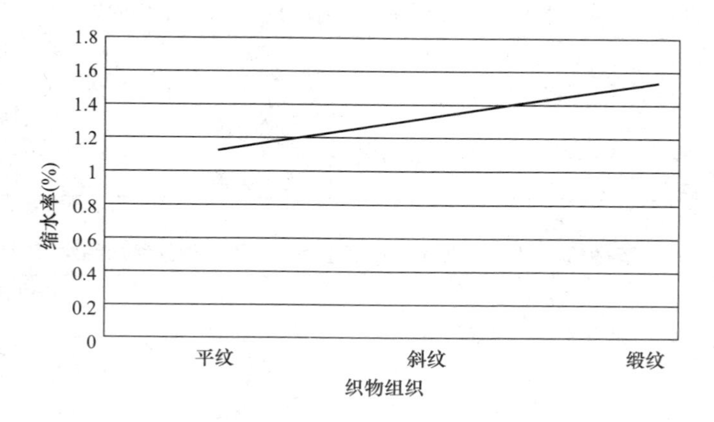

图 4-7-3　纯棉织物经向密度相同（经密小）、不同组织经向缩水率对照图

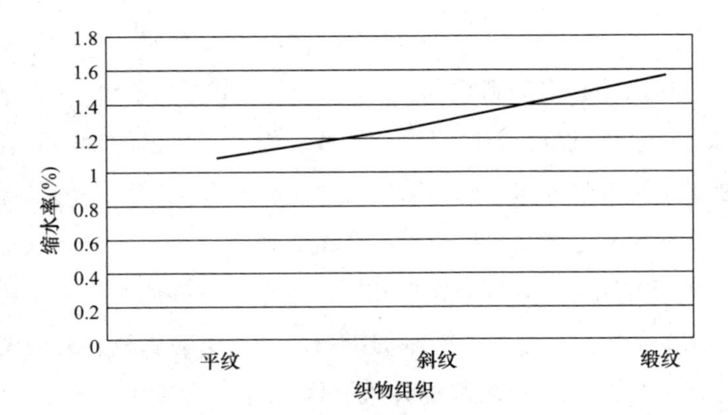

图 4-7-4　纯棉织物经向密度相同（经密大）、不同组织经向缩水率对照图

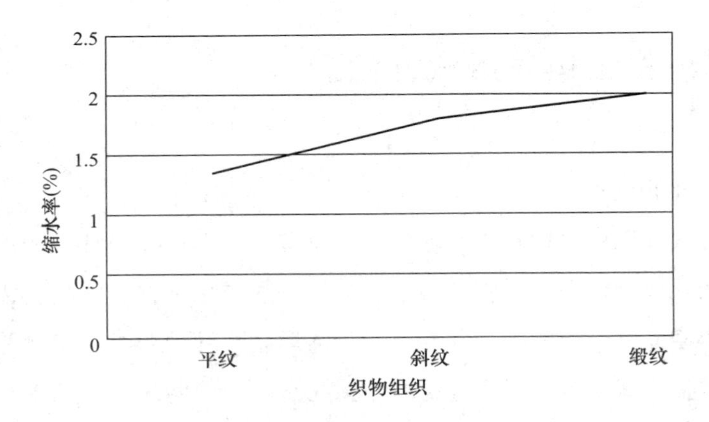

图 4-7-5　腈/棉织物经向密度相同（经密小）、不同组织经向缩水率对照图

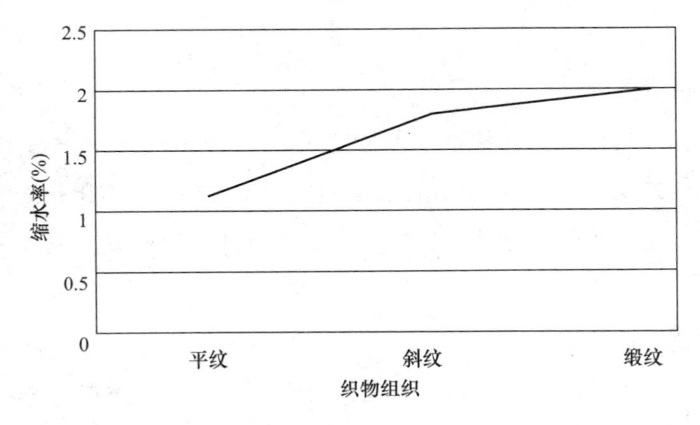

图 4-7-6　腈/棉织物经向密度相同（经密大）、不同组织经向缩水率对照图

四、结论

（1）数据分析表明，在原料相同、经向密度相同的情况下，缩水率的变化规律为：平纹组织小于斜纹组织，斜纹组织小于缎纹组织。无论织物的原料是什么，这个规律都不会变化。由此可知：织物结构越疏松，一个组织循环内，经纬纱交织次数越少的组织，缩水率越大，织物的稳定性越不好。

（2）不同组织的织物，在经向密度相同的情况下，纬向密度的变化如下：平纹小于斜纹，斜纹小于缎纹。进而对缩水的影响是：在织物原料、经向密度相同的情况下，纬密越大，织物的经向缩水率越大。因为纬向密度大，则经纱的屈曲波较高，当织物浸入水中后，纱线膨胀，屈曲进一步增高，促使织物经向收缩。

第八节　织物结构对透气性的影响

一、影响透气性的因素

织物的透气性取决于织物中空隙的大小及多少，而这又与纤维的形状、纱线的形状、织物的几何结构以及后整理因素有关。一般情况下，纱线越粗，织物的透气性越好；异形截面纤维织物的透气性要优于圆形截面纤维织物；织物厚度增加，透气性下降；织物交织点越多，透气性越差；线密度相同的织物，随着经纬密度的增加，织物的透气性会下降；织物经过缩绒、起毛、树脂整理、涂胶等处理后，透气性下降。

二、透气性的测量指标

透气性的测试指标分为两种，一种是透气量，另一种是透气率。透气量是在织物两面规定的压强下，单位时间内流过单位面积织物的空气体积；透气率是指在规定的样品面积、压强和时间条件下，气流垂直通过样品的速度，单位是 mm/s。

三、实验仪器及方法

采用 YG461E 型数字式织物透气量仪进行测试，在同一试样上选择两个位置进行测量，取其平均值。

1. 实验结果数据与分析

（1）纬密随经密和组织的变化规律。涤纶织物不同组织纬密随经密的变化见表4-8-1。

表4-8-1　涤纶织物不同组织纬密随经密的变化

原料	组织	经密（根/10cm）	纬密（根/10cm）	经密增加（根/10cm）	纬密下降（根/10cm）
涤纶	平纹	166	206	78	26
涤纶	平纹	244	180		
涤纶	斜纹	166	256	78	52
涤纶	斜纹	244	204		
涤纶	缎纹	166	374	78	134
涤纶	缎纹	244	240		

（2）经密对织物的透气性的影响。为方便数据的对比，将相同原料、相同组织、不同经密的两块试样的透气率列在同一表格中（表4-8-2~表4-8-4），并且绘制成折线图（图4-8-1~图4-8-3），使其更加直观。

表4-8-2　涤纶平纹织物经密不同透气性对照表

原料	组织	经密（根/10cm）	纬密（根/10cm）	透气率（mm/s）
涤纶	平纹	166	206	691.34
涤纶	平纹	244	180	653.67

表4-8-3　涤纶斜纹织物经向密度不同透气性对照表

原料	组织	经密（根/10cm）	纬密（根/10cm）	透气率（mm/s）
涤纶	斜纹	166	256	849.32
涤纶	斜纹	244	204	829

表4-8-4　涤纶缎纹织物经向密度不同透气性对照表

原料	组织	经密（根/10cm）	纬密（根/10cm）	透气率（mm/s）
涤纶	缎纹	166	374	1152.25
涤纶	缎纹	244	240	1136.67

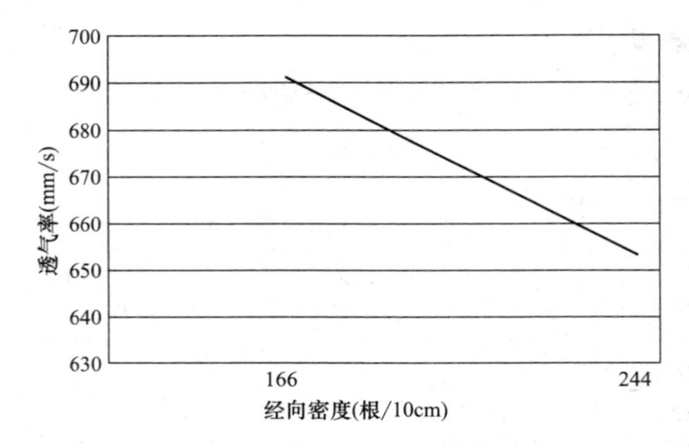

图 4-8-1　涤纶平纹织物经向密度不同透气性对照图

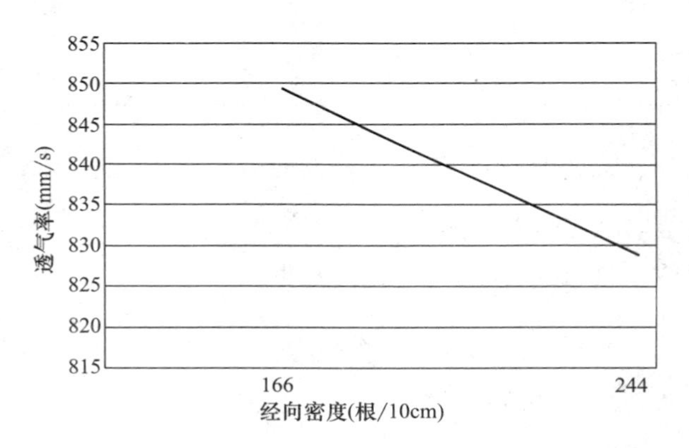

图 4-8-2　涤纶斜纹织物经向密度不同透气性对照图

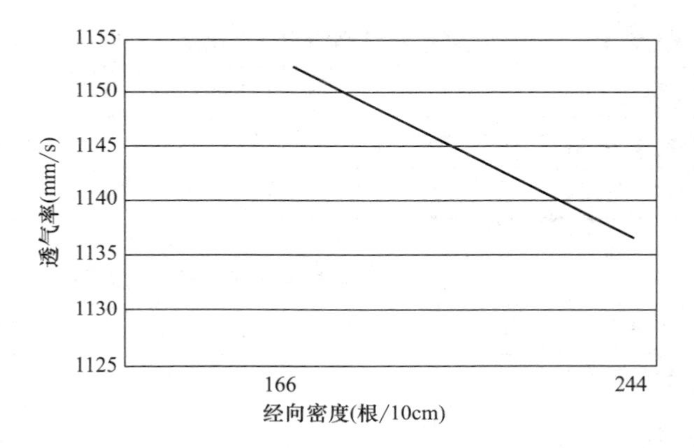

图 4-8-3　涤纶缎纹织物经向密度不同透气性对照图

通过数据分析可以看出，当织物的原料相同、组织相同时，经密变大后，织物的透气率呈现减小的趋势。透气性取决于织物孔径的大小，当经密增大，织物的孔径就会变小，导致透气性下降。通过折线图，可以很明显地看出下降的趋势，虽然不同原料、不同组织下降的幅度不同，但是各个对照组之间均呈下降趋势；平纹的变化幅度最大，斜纹次之，缎纹最小。

由此可知，当原料相同、组织相同时，改变经向密度会影响织物的透气性。织物的经向密度增大，则其透气性会下降；织物的经向密度减小，则其透气性会增大。

（3）织物组织结构对透气性的影响。将相同原料、相同经密的试样数据列入同一个表中（表4-8-5、表4-8-6），并绘制出折线图（图4-8-4、图4-8-5）。

表4-8-5　涤纶织物经向密度相同（经密小）、不同组织透气性对照表

原料	组织	经密（根/10cm）	透气率（mm/s）
涤纶	平纹	166	691.34
涤纶	斜纹	166	849.32
涤纶	缎纹	166	1152.25

表4-8-6　涤纶织物经向密度相同（经密大）、不同组织透气性对照表

原料	组织	经密（根/10cm）	透气率（mm/s）
涤纶	平纹	244	653.67
涤纶	斜纹	244	829
涤纶	缎纹	244	1136.67

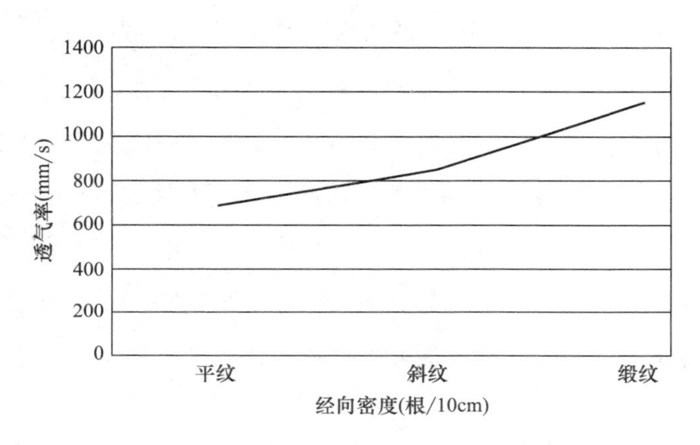

图4-8-4　涤纶织物经向密度相同（经密小）、不同组织透气性对照图

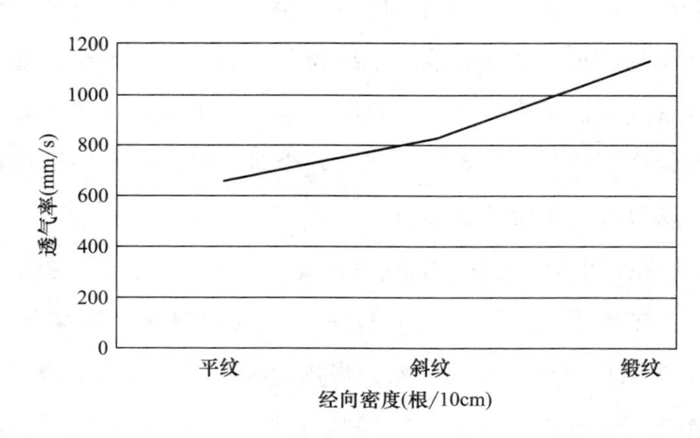

图 4-8-5　涤纶织物经向密度相同（经密大）、不同组织透气性对照图

（4）经密增加后不同织物组织对透气性的影响（表 4-8-7）。

表 4-8-7　经密增加对不同组织织物的透气性影响对照

经密增加量（根/10cm）	组织	透气率变化（mm/s）
78	平纹	-38
78	斜纹	-20
78	缎纹	-16

四、结论

（1）分析原料相同、经密相同、织物组织不同的各组数据后，可以发现：无论经密多大，缎纹织物的透气率要大于斜纹织物，斜纹织物的透气率大于平纹织物，而且随着经密的增大，平纹组织对透气率的影响最大，斜纹次之，缎纹最小。

（2）在织物原料、经密、经纬纱线密等因素相同的情况下，织物组织对透气性影响最大。

（3）在织物原料、经密、经纬纱线密等因素相同的情况下，纬密的大小受织物组织的影响，影响程度为缎纹影响最大，斜纹次之，平纹最小。

（4）经密对透气性的影响大于纬密。

（5）纱线间隙对透气性的影响要大于纱线中纤维间隙对透气性的影响。

第九节　织物纬密、经密与织物组织的关系

经密和纬密对织物紧度有一定的影响，织物紧度大，则其手感硬挺，织物紧度小，则其手感柔软。除此之外，织物紧度还对织物的各项服用性能有影响。在织物设计的过程中，经密是由筘号大小来决定的，而纬密的大小有很多的影响因素。所以本次试验通过对织物经密和织物组织的控制，来探究纬密的变化规律。

一、实验仪器和方法

1. 实验仪器

Y200S 电子小样织布机、纯棉纱、涤纶缝纫线、腈/棉混纺纱、照布镜。

2. 实验方法

采用纯棉纱分别织造平纹、1/2 右斜纹和六枚缎纹，样品规格 30cm×30cm，织造结束后改变经密（即改变每筘穿入数），再用纯棉纱织造上述三种组织。采用相同的方法织造涤纶样品和腈/棉混纺样品，织造完成后取不同部位测定经密和纬密，取平均数绘制成表格，便于分析。

织物组织图分别如图 4-9-1～图 4-9-3 所示。

	×		×		×
×		×		×	
	×		×		×
×		×		×	
	×		×		×
×		×		×	

图 4-9-1　平纹组织图

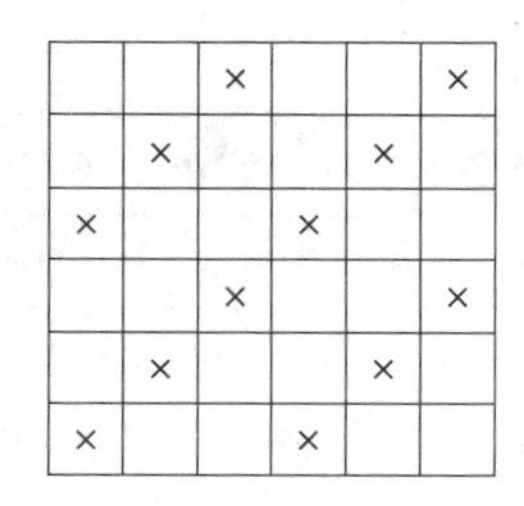

图 4-9-2　1/2 右斜纹组织图

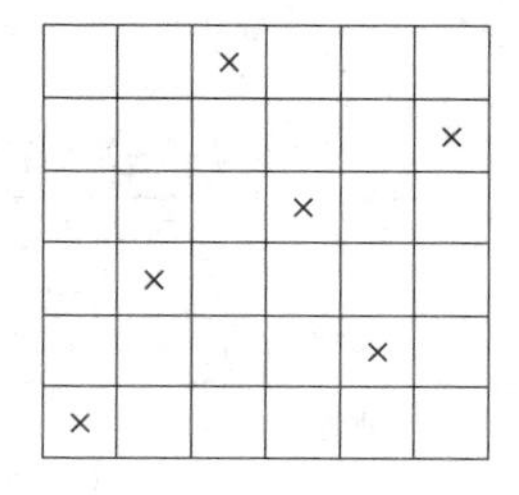

图 4-9-3　六枚缎纹组织图

二、实验结果分析

1. 经密相同（166 根/10cm，密度较小）时不同组织的纬密变化规律

（1）涤纶产品的测试。涤纶产品经密不变（经密小）不同组织纬密变化对比

如表 4-9-1 和图 4-9-4 所示。

表 4-9-1　涤纶产品经密不变（经密小）不同组织纬密变化对比表

原料	经密（根/10cm）	组织	纬密（根/10cm）
涤纶	166	平纹	206
涤纶	166	斜纹	256
涤纶	166	缎纹	374

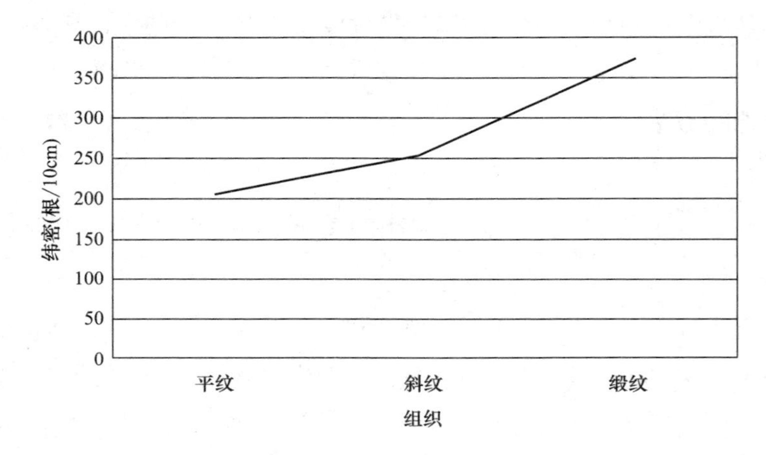

图 4-9-4　涤纶产品经密不变（经密小）不同组织纬密变化对比图

（2）纯棉产品的测试。纯棉产品经密不变（经密小）不同组织纬密变化对比如表 4-9-2 和图 4-9-5 所示。

表 4-9-2　纯棉产品经密不变（经密小）不同组织纬密变化对比表

原料	经密（根/10cm）	组织	纬密（根/10cm）
纯棉	166	平纹	190
纯棉	166	斜纹	198
纯棉	166	缎纹	300

（3）腈/棉产品的测试。腈/棉产品经密不变（经密小）不同组织纬密变化对比如表 4-9-3 和图 4-9-6 所示。

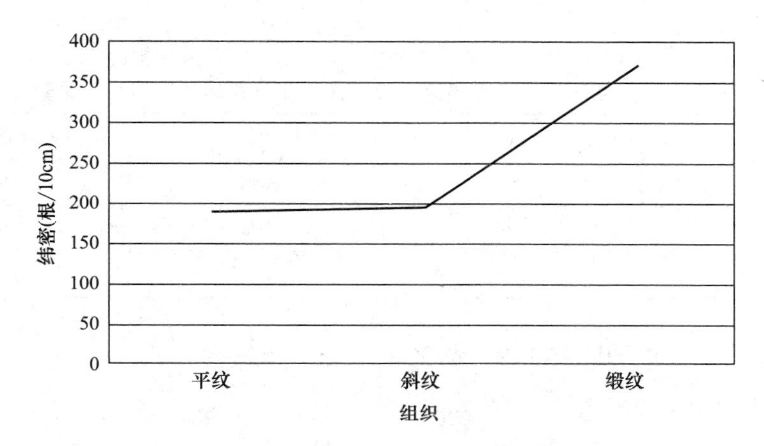

图 4-9-5　纯棉产品经密不变（经密小）不同组织纬密对比图

表 4-9-3　腈/棉产品经密不变（经密小）不同组织纬密变化对比表

原料	经密（根/10cm）	组织	纬密（根/10cm）
腈/棉	166	平纹	164
腈/棉	166	斜纹	200
腈/棉	166	缎纹	328

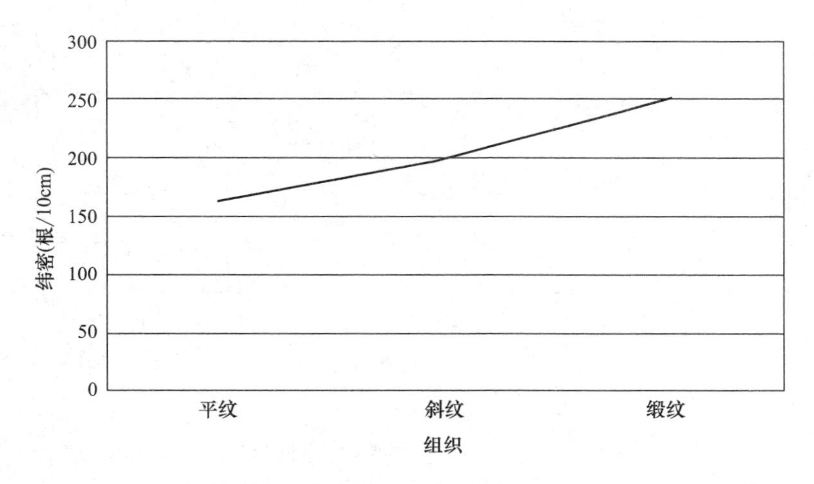

图 4-9-6　腈/棉产品经密不变（经密小）不同组织纬密变化对比图

2. 经密相同（244 根/10cm，密度增大）时，不同组织的纬密变化规律

（1）涤纶产品的测试。涤纶产品经密不变（经密大）不同组织纬密变化对比如表 4-9-4 所示。

表 4-9-4　涤纶产品经密不变（经密大）不同组织纬密变化对比表

原料	经密（根/10cm）	组织	纬密（根/10cm）
涤纶	244	平纹	180
涤纶	244	斜纹	204
涤纶	244	缎纹	240

（2）纯棉产品的测试。纯棉产品经密不变（经密大）不同组织纬密变化对比如表 4-9-5 和图 4-9-7 所示。

表 4-9-5　纯棉产品经密不变（经密大）不同组织纬密变化对比表

原料	经密（根/10cm）	组织	纬密（根/10cm）
纯棉	244	平纹	174
纯棉	244	斜纹	188
纯棉	244	缎纹	250

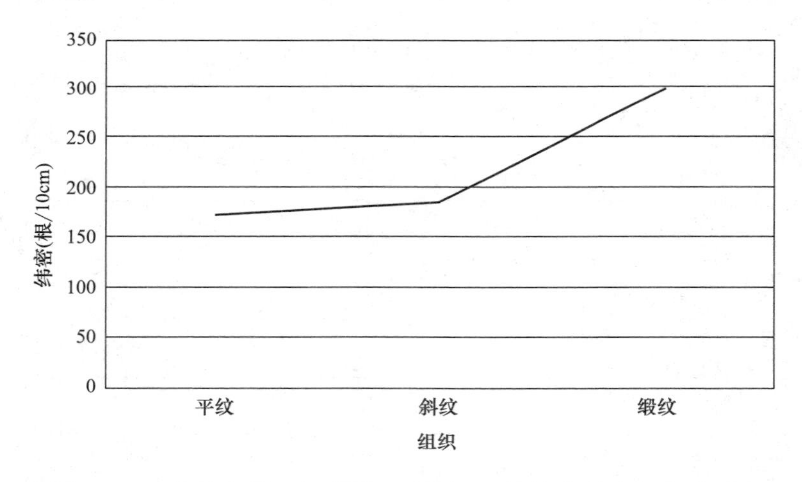

图 4-9-7　纯棉产品经密不变（经密大）不同组织纬密变化对比图

（3）腈/棉产品的测试。腈/棉产品经密不变（经密大）不同组织纬密变化对比如表 4-9-6 和图 4-9-8 所示。

表 4-9-6　腈/棉产品经密不变（经密大）不同组织纬密变化对比表

原料	经密（根/10cm）	组织	纬密（根/10cm）
腈/棉	244	平纹	156
腈/棉	244	斜纹	164
腈/棉	244	缎纹	288

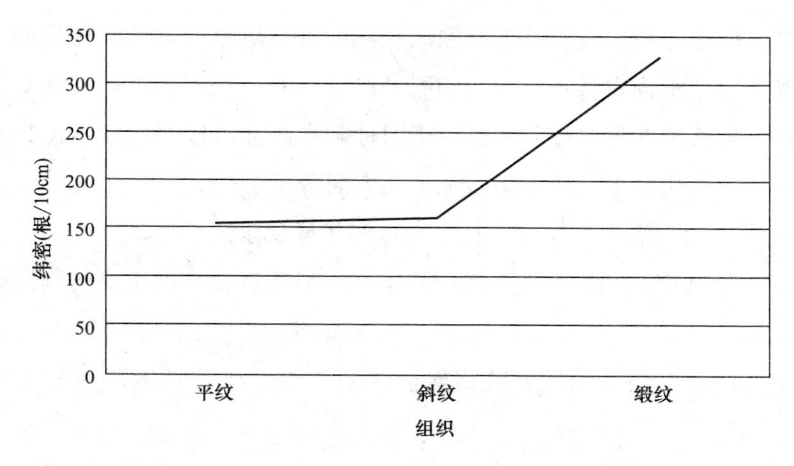

图 4-9-8　腈/棉产品经密不变（经密大）不同组织纬密变化对比图

从表 4-9-1～表 4-9-6 中可以看出，在相同经密、相同原料下，不同组织的纬密会出现不同的变化。试验中打纬手法保持不变，在相同或相近的打纬力度下，平纹、斜纹、缎纹三种组织中缎纹纬密最大，斜纹次之，平纹最小。

由此可以得出，在打纬力度不变，相同原料、相同组织的情况下，组织结构越疏松、经纬纱交织次数越少的组织，纬密越大，手感也更为丰满厚实。

三、结论

（1）当原料与组织相同时，经密增大，纬密就会相应减小。

（2）在原料相同、经密和组织相同的情况下，组织结构越疏松，经纬纱交织次数越少的组织，纬密越大。

（3）纬密受经密变化的影响：缎纹影响最大，斜纹次之，平纹最小。

第十节　色织物仿样设计的生产实践

纺织品设计方法中，改进设计方法是指针对于原设计中的某一项或两项进行改进，如组织、密度或纱线线密度、外观、幅宽等，对于外观的仿制通常叫作色织物的仿样设计。仿样一般指对样品部分的风貌特征进行仿制，如仿照样品的条形、格形、配色等。对于织物中每筘穿入数相同的产品，有三种方法可用，即对照法、比值法、测量推算法。在仿照过程中，由于附样和产品在纱线线密度、织物密度、原料、组织等方面变化较大，所以须做如下几方面分析。

（1）认真仔细看清仿制品种的技术规格和仿样要求。

（2）分析仿制产品和样品在技术规格上的差异程度，掌握影响仿制效果的主要因素。

（3）从实际生产条件出发，既要保证仿制质量又要兼顾生产的可行性和顺利与否。

一、对于每筘穿入数相同的产品条形、格形的仿制

1. 对照法

对照法一种最简单的方法，在仿样时，只要选择一块和产品技术规格相同的成品布附于被仿样品的旁边，取出样品的一花，将此花内的各色按排列顺序分别和成品布对照，记下与各色条形、格形相对应的成品布的根数即可，这种方法简单、准确，但一定要有成品布。

2. 比值法

比值法的具体工作步骤如下。

（1）记下样品一花的排列顺序和各色根数。

（2）分别求出产品经密与样品经密的比值。

（3）分别求出产品（成品）纬密与样品纬密的比值。

（4）比值与样品各色根数相乘之积即为产品一花的排列根数，有小数时予以修正。修正时，对格形要求方正的产品，应考虑格形方正的要求。

3. 测量推算法

在纸板样和大格形的样品仿制时，一般采用测量推算法，步骤如下。

（1）量出样品一花内各色宽度（精确到1mm）。

（2）将各色的宽度乘以产品的密度，求出各色根数。

（3）修正计算所得的根数。

二、每筘穿入数不同的产品条形、格形的仿制

对于每筘穿入数不同的产品条形、格形的仿制，即花筘穿法的产品，通常用密度推测法和方程法。

1. 密度推测法

密度推测法是通过测定各区密度，进而确定各组织的每筘穿入数，随后再定筘号，使产品保持样品条（格）形的方法。

2. 方程法

方程法主要是通过下面的公式对样品的条（格）形进行仿制。

$$ax + bfx = (a + b)l$$

式中：a——样品一花内代表地组织的各色总宽度；

b——样品一花内代表起花组织的各色总宽度；

l——产品的平均成品密度；

x——产品地组织处的密度；

f——起花组织和地组织两种穿筘数的比值。

f、x 就是产品起花组织处的密度。用方程法仿样的关键是算出织物地组织处的密度 x。这种仿样方法不考虑各种组织在织造过程中的收缩或伸长之间的差异，因此，仿制大条（格）形样品，在修正计算根数时应有2%的调整。

3. 方程法的运用

当样品与产品经密差异较大、而纬密接近的情况下，可以采用调整花区与地区的穿筘方法，对样品进行仿制。调整穿筘的目的是使产品花区的经密接近样品的经密，达到仿制花型的目的。具体仿制步骤如下。

（1）对样品花型作组织分析。

（2）测量花区宽度推算样品花区的密度。

样品花区密度=花区根数÷花区宽度

（3）根据样品花型的组织特点，并参照实际生产中类似花型的穿筘方法，确定产品花区及地区的每筘穿入数。

例：生产（14tex×2）×17tex、成品密度为370根/10cm×251.5根/10cm、坯布密度为346根/10cm×259.5根/10cm的色织府绸，花型如图4-10-1所示。

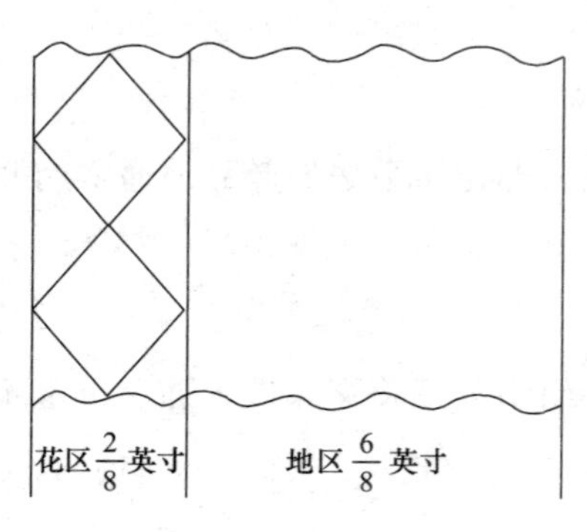

图4-10-1　色织府绸花型

（1）图4-10-1所示的样品是经起花，组成花区的经纱为32根。

（2）样品花区的宽度为2/8英寸，推算得：花区密度=花区根数÷花区宽度=128根/英寸。

（3）根据样品花区的密度，产品只有采用花筘穿法。使产品花区的密度接近128根/英寸。

（4）根据花区的密度128根/英寸，根据式 $ax+bfx=(a+b)l$ 计算花区经纱穿入数与地区经纱穿入数的比值 f。

这里 $fx=128$ 根/英寸，求出 f 为1.55。根据生产实际，确定产品易采用花区3穿入、地经2穿入的花筘穿法。穿入数确定之后，花型就可以进行仿制了。

三、仿样设计注意事项

仿样设计是一项比较复杂而且要求较高的工作，为了避免仿样设计的效果不理想或加工生产复杂，因此，在仿样设计时必须注意以下两方面。

（1）样品能否仿制。如下样品就不能进行仿制：经、纬向色纱排列杂乱无章的样品，因找不出排列规律就无法仿制；组织特征和用纱要求超过生产设备能力的样品。

（2）仿样效果能否达到要求。例如，组织是平纹，而布身是深色地有白条的样品。

参考文献

［1］刘国联. 服装材料学［M］. 上海：东华大学出版社，2006.

［2］姚穆. 纺织材料学［M］. 4 版. 北京：中国纺织出版社，2014.

［3］于伟东. 纺织材料学［M］. 北京：中国纺织出版社，2006.

［4］张萍等. 纺织材料学［M］. 北京：中国轻工业出版社，2005.

［5］徐蕴燕. 织物性能与检测［M］. 北京：中国纺织出版社，2007.

［6］于伟东. 纺织材料学［M］. 北京：中国纺织出版社，2006.